Arnab Choudhury

ANÁLISE TERMOELÁSTICA DE RECIPIENTES SOB PRESSÃO - UMA REVISÃO

Arnab Choudhury

ANÁLISE TERMOELÁSTICA DE RECIPIENTES SOB PRESSÃO - UMA REVISÃO

ScienciaScripts

Cover image: www.ingimage.com

This book is a translation from the original published under ISBN 978-3-659-20565-1.

Publisher:
Sciencia Scripts
is a trademark of
Dodo Books Indian Ocean Ltd. and OmniScriptum S.R.L publishing group

120 High Road, East Finchley, London, N2 9ED, United Kingdom
Str. Armeneasca 28/1, office 1, Chisinau MD-2012, Republic of Moldova, Europe
Printed at: see last page
ISBN: 978-620-8-35414-5

ÍNDICE

Capítulo 1 .... **3**
Capítulo 2 .... **56**

Prefácio

Os recipientes de pressão cilíndricos sujeitos a pressão e temperatura têm sido amplamente estudados. Este livro apresenta uma revisão dos trabalhos relacionados com a distribuição de tensões térmicas e termomecânicas em recipientes sob pressão cilíndricos espessos e em recipientes sob pressão compósitos multicamadas sujeitos quer a cargas térmicas quer a cargas térmicas e de pressão. O livro inclui também trabalhos relacionados com a distribuição de tensões em recipientes compósitos reforçados com fibras e em recipientes compósitos enrolados com filamentos. A aplicação do método dos elementos finitos na resolução dos problemas relacionados com as tensões térmicas e termomecânicas é discutida neste livro. A distribuição da temperatura em estado estacionário e em condições transitórias é também estudada. O estudo das tensões termoelásticas em vasos de pressão tem ampla aplicação no projeto de estruturas de engenharia avançadas.

O Capítulo 1 aborda os trabalhos de investigação publicados neste domínio sobre a análise termoelástica de um recipiente sob pressão cilíndrico: filosofia de conceção, distribuição de temperaturas, distribuição de tensões térmicas e termo-mecânicas e solução por elementos finitos. O Capítulo 2 aborda a solução de alguns problemas relativos ao reservatório de pressão cilíndrico: distribuição da temperatura, distribuição das tensões térmicas e termomecânicas e solução por elementos finitos.

Os leitores deste livro podem ter uma ideia da análise das tensões térmicas e termomecânicas de um recipiente de pressão cilíndrico através do método dos elementos finitos.

O Prof.(Dr.) Samar Ch. Mondal e o Prof.(Dr.) Susenjit Sarkar ajudaram-me e colaboraram na redação deste livro.

Arnab Choudhury

Capítulo 1

Análise de tensões térmicas e termomecânicas de vasos de pressão cilíndricos espessos - Revisão

1. Introdução

O estudo de cilindros/vasos de paredes espessas com extremidades fechadas/abertas sujeitos a pressão interna/externa e fluxo de calor interno/geração de calor/campo térmico é de grande interesse prático do ponto de vista da aplicação em engenharia. Exemplos práticos de tais aplicações são caldeiras industriais, tubos longos utilizados para transportar gases/petróleo, condutas offshore, canhões, recipientes sob pressão para transporte e armazenamento de petróleo/gases, reactores nucleares, etc. A procura industrial de tais aplicações centrou a atenção dos investigadores na investigação das tensões elásticas, térmicas e termoelásticas de cilindros de paredes espessas.

Os recipientes sob pressão são estruturas de invólucro fechado que contêm gases e líquidos sob pressão. O projeto de um recipiente sob pressão é regido por duas restrições principais, mas contraditórias. A primeira condiciona o peso e o custo mínimos para poupar material e recursos e a segunda exige a fiabilidade e a segurança adequadas da estrutura [116]. No caso dos recipientes sob pressão comerciais, a segunda restrição é muito mais importante do que a primeira, enquanto a restrição de segurança é assegurada por guias de conceção, códigos e normas desenvolvidos pelo código ASME para caldeiras e recipientes sob pressão, secção VIII, divisão-1. No entanto, o peso do recipiente sob pressão pode ser reduzido utilizando material compósito híbrido reforçado com fibra de vidro, carbono ou orgânica, cuja resistência específica (relação resistência/densidade) é muito superior à das ligas metálicas utilizadas no fabrico de recipientes sob pressão convencionais. O material compósito tem uma elevada resistência à tração ao longo das fibras, elevada rigidez, longa vida à fadiga, baixa densidade e adaptabilidade à função pretendida da estrutura, em comparação com os metais convencionais [82]. A utilização da tecnologia de enrolamento de filamentos para criar estruturas compósitas com uma elevada relação rigidez/peso tem uma vasta aplicação para melhorar o desempenho dos recipientes sob pressão utilizados em aplicações de alta pressão. Apesar de tantas vantagens, os compósitos têm algumas limitações que são discutidas em pormenor nas referências [82, 116, 117,118]. Assim, os compósitos só podem ser utilizados como material para fabricar recipientes sob pressão se forem corretamente concebidos, fabricados e utilizados. Nos compósitos, a falha ocorre com o aparecimento e a propagação de fissuras na matriz, resultando na falha da fibra. Nos recipientes sob pressão compósitos, a pressão é suportada pelas fibras e as fissuras na matriz provocam a falha da estrutura, que pode ir até à falha da fibra. Os recipientes sob pressão são frequentemente sujeitos a altas temperaturas, alta pressão de fluido e condições de forte corrosão. Os recipientes constituídos por um único material não podem satisfazer os requisitos de tais condições. Por conseguinte, é geralmente utilizado um recipiente sob pressão compósito laminado multicamadas constituído por camadas finas de diferentes materiais, perfeitamente ligadas entre si. A camada interior é geralmente constituída por um material forte e resistente à corrosão. A conceção e o desenvolvimento de recipientes sob pressão são orientados por códigos e normas de conceção. Os recipientes sob pressão são projectados com base em equações simples da teoria das cascas, cujas soluções podem ser encontradas através de métodos numéricos. Por vezes, em muitos problemas complexos, é muito difícil formular o modelo matemático exato do problema. Nesse caso, os pacotes de elementos finitos são muito eficazes na resolução desse problema. O rápido desenvolvimento do software de elementos finitos e a integração do CAD e do CAM com ele melhoraram consideravelmente o projeto e a análise pormenorizados dos componentes dos recipientes sob pressão. Se a parede do cilindro for sujeita a um fluxo térmico, desenvolvem-se tensões térmicas que restabelecem a congruência das deformações; a congruência é, no entanto, perturbada por dilatações térmicas que variam ao longo da parede. Se o cilindro estiver sujeito a pressão e a um campo térmico, são criadas tensões termo-mecânicas [2]. O desenvolvimento de tensões térmicas e de tensões termo-mecânicas em vasos de pressão de cilindros espessos sujeitos a cargas de pressão e a cargas térmicas é estudado por muitos investigadores.

No presente livro é apresentada uma revisão do trabalho relacionado com a tensão térmica e a tensão termomecânica em vasos de pressão de cilindros espessos e em vasos de pressão compósitos multicamadas sujeitos quer a cargas térmicas quer a cargas térmicas e de pressão.

1.1 Equações constitutivas

Os recipientes sob pressão cilíndricos são classificados em duas categorias: Cilindros finos e grossos. Quando o rácio entre o diâmetro interior e a espessura da parede é superior a 15, o cilindro é considerado fino. Se o rácio for inferior a 15, a garrafa é considerada grossa.

- **Equações de casca fina**

São consideradas duas tensões principais para o projeto de um cilindro fino: Tensão circular e tensão longitudinal. A tensão radial é negligenciável devido à secção fina. Assume-se uma distribuição uniforme das tensões ao longo da espessura da parede. A tensão circular (σ_t) e longitudinal (σ_l) para uma casca fina é dada como [2]:

$$\sigma_t = \frac{pR}{t} \quad (1.1\ a)$$

$$\sigma_l = \frac{pR}{2t} \quad (1.1\ b)$$

Por conseguinte, a tensão circunferencial é o dobro da tensão longitudinal. A espessura do cilindro é calculada como:

$$t = \frac{pR}{\sigma_t} \quad (1.2)$$

A tensão circunferencial (σ_t) é considerada para calcular a espessura do cilindro porque:

(a) Um cilindro fino é utilizado como reservatório de pressão para armazenar fluidos sob pressão. Este fluido cria uma pressão nas paredes, provocando a sua expansão. A tensão desenvolvida actua paralelamente à circunferência do cilindro, denominada tensão circunferencial.

(b) Devido à expansão, o material é esticado na direção circunferencial e a tensão circunferencial aumenta.

(c) Por conseguinte, a tensão circunferencial é a maior tensão primária que pode levar à rutura do material quando excede o limite máximo e pode causar fissuração ou rebentamento. Por conseguinte, é essencial garantir que a espessura do cilindro possa suportar a tensão de arco.

- **Equações de casca grossa**

Se o rácio entre o diâmetro interior e a espessura da parede for superior a 15, o cilindro é considerado um cilindro espesso.

A diferença entre um cilindro fino e um cilindro grosso é a seguinte:

Cilindro fino	Cilindro espesso
O rácio entre o diâmetro interior e a espessura da parede é inferior a 15	O rácio entre o diâmetro interior e a espessura da parede é superior a 15
A tensão circunferencial ou tangencial é uniformemente distribuída pela espessura do cilindro	A tensão tangencial tem o valor mais elevado na superfície interior e diminui gradualmente em direção à superfície exterior.
A tensão radial é negligenciada	A tensão radial tem uma magnitude significativa.

Para pressão interna

Designando por m a razão entre os raios externo e interno, de modo que m = R /R0i , a tensão radial (σ_r) tensões de aro ou tensões tangenciais (σ_t) &

tensão longitudinal (σ_l) obtida [2]

$$\left.\begin{aligned} \sigma_r &= \frac{p}{(m^2-1)}[1 - \frac{R_0^2}{r^2}] \\ \sigma_t &= \frac{p}{(m^2-1)}[1 + \frac{R_0^2}{r^2}] \\ \sigma_l &= \frac{p}{(m^2-1)} \end{aligned}\right\} \quad (1.3)$$

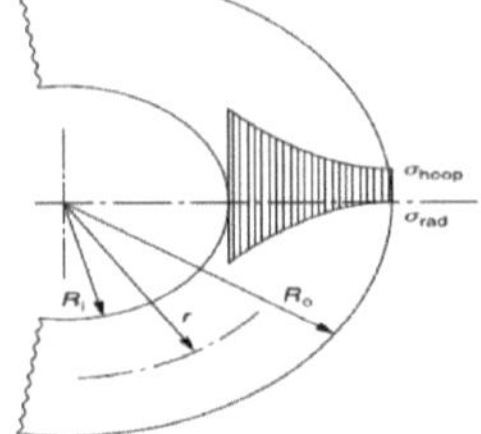

Fig 1.1: Tensão circular e radial devido à distribuição da pressão interna .

Para pressão externa

Designando por m a razão entre os raios externo e interno, de modo que m = R /R_{0i} , a tensão radial (σ_r) são tensões de aro ou tensões tangenciais (σ_t) e são as tensões longitudinais (σ_l) obtidas [124]

$$\left.\begin{aligned} \sigma_r &= \frac{p_0}{(m^2-1)}[1 - \frac{R_i^2}{r^2}] \\ \sigma_t &= \frac{p_0}{(m^2-1)}[1 + \frac{R_i^2}{r^2}] \\ \sigma_l &= \frac{p}{(m^2-1)} \end{aligned}\right\} \quad (1.3)$$

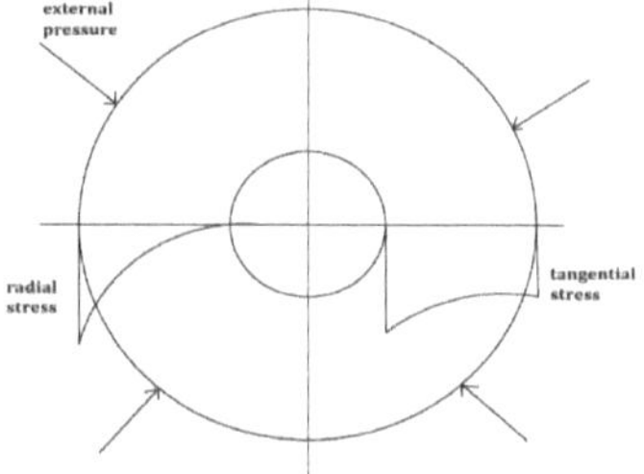

Fig 1.2: Distribuição de tensões tangenciais e radiais devido à pressão externa .

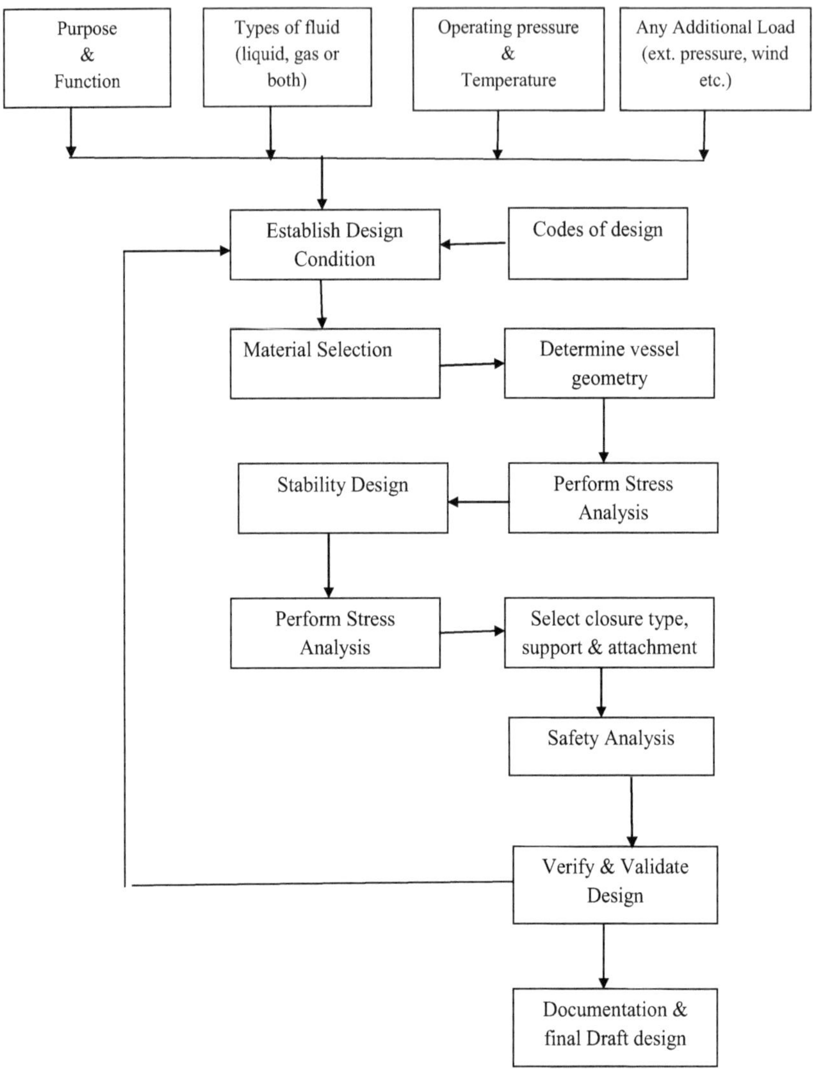

Fig 1.3 Processo de conceção do recipiente sob pressão

1.2 Códigos de construção de recipientes sob pressão

Existem vários códigos e normas para a conceção, o fabrico e a inspeção dos recipientes sob pressão, que proporcionam uma proteção razoável da vida e da propriedade e também prevêem uma margem para a deterioração em serviço.

1. Código ASME para caldeiras e vasos de pressão (BPVC): Este é um dos códigos mais utilizados, publicado pela sociedade americana de engenheiros mecânicos.
2. API650- Este código é publicado pelo American Petroleum Institute e centra-se em reservatórios de aço soldado para armazenamento de petróleo.
3. API 620: Este código é publicado pelo American Petroleum Institute e centra-se na conceção e construção de grandes tanques de armazenamento de baixa pressão, soldados.
4. PD 5500: Trata-se de uma norma britânica para recipientes sob pressão soldados por fusão não queimados.
5. EN 13445: Trata-se de uma norma europeia para recipientes sob pressão não cozidos.
6. AD 2000: Este é um código alemão para vasos de pressão.
7. CSA B51: Trata-se de um código canadiano para recipientes sob pressão.
8. BS 5500: Esta é uma norma britânica para a especificação de recipientes sob pressão soldados por fusão não queimados.
9. ISO 16528-1- Trata-se de uma norma internacional para caldeiras e vasos de pressão.
10. PED : A diretiva relativa às uniões de pressão é uma diretiva europeia que estabelece os requisitos para a conceção, o fabrico e a avaliação da conformidade dos recipientes sob pressão.

1.3 Tipos de recipientes sob pressão

(a) Caldeiras: utilizadas para a produção de vapor ou água quente

(b) Reservatórios: Armazenar líquidos ou gases, tais como combustível, água ou produtos químicos

(c) Permutadores de calor: Transferir calor entre fluidos.

(d) Reactores: utilizados no processamento químico.

(e) Separadores: separam líquidos ou gases

1.4 Aplicações

(a) Utilizados no domínio da produção de eletricidade, ou seja, caldeiras e geradores de vapor.

(b) Encontram aplicação na indústria de processamento químico (reator, tanque de armazenamento)

(c) Utilizado no armazenamento de petróleo e gás (depósito)

(d) Utilizado na indústria aeroespacial para depósitos de combustível e de oxigénio

(e) Utilizado na indústria médica para autoclave

(f) Utilizado na indústria alimentar para recipientes de esterilização.

1.5 Terminologia dos recipientes sob pressão

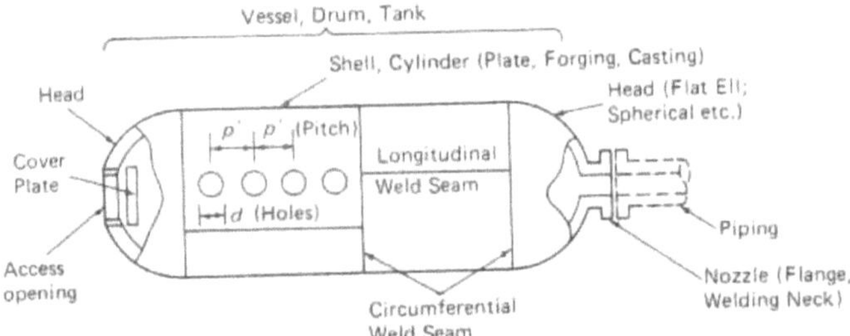

Fig 1.1: Terminologia dos recipientes sob pressão [125]

O recipiente sob pressão é constituído pelos seguintes elementos básicos

(a) Casco: É o corpo principal do recipiente sob pressão.
(b) Cabeça: É a extremidade de fecho de várias formas.
(c) Bocal: É o ponto de ligação dos tubos e acessórios.
(d) Flange: É uma placa plana e circular para ligar recipientes ou tubos.
(e) Soldadura: os componentes são fabricados por processo de soldadura
(f) Tolerância à corrosão: a espessura acrescentada para ter em conta a corrosão.

O projetista deve ter em conta três factores para avaliar o impacto dos factores de tensão na fiabilidade e segurança do navio: 1
. A teoria da falha utilizada.
2. O tipo e a categoria da carga.
3. O risco relacionado com o stress da embarcação.

O impacto das pressões acopladas pode ser explicado por uma variedade de teorias de falha. No entanto, apenas duas teorias - a teoria da tensão máxima e a teoria da tensão de corte máxima - são normalmente aplicadas aos recipientes sob pressão. Ambas as teorias produzem resultados praticamente iguais para recipientes sob pressão de paredes finas, porque a tensão radial é ignorada em comparação com outras tensões primárias. No entanto, a tensão radial torna-se substancial em recipientes sob pressão de paredes espessas, pelo que a teoria da tensão máxima não é conservadora quando se projectam tais recipientes. Um recipiente sob pressão deve ser capaz de tolerar temperaturas extremas, pressões e outros factores ambientais. Por isso, alguns critérios determinam o tipo de material que é escolhido para um recipiente sob pressão.

1. O tipo de fluido - corrosivo ou não corrosivo - que se encontra no interior do recipiente sob pressão.
2. Natureza do ambiente interior (radioativo ou extremamente corrosivo).
3. Existe uma carga de pressão constante ou cíclica (interna ou externa).
4. Variações de temperatura (estáveis ou transitórias).
5. Preço, disponibilidade comercial e capacidade de fabrico.

A tensão é um fator determinante na falha do recipiente sob pressão. A determinação da distribuição de tensões no recipiente sob pressão é, portanto, crucial. Podem ser utilizados códigos normalizados, métodos analíticos, métodos de elementos finitos ou métodos experimentais para calcular as tensões no interior do recipiente sob pressão. Existem quatro causas principais para as falhas dos recipientes sob pressão: a

) Escolha incorrecta do material.

b) Informações, procedimentos e ensaios de conceção errados. c

) Técnicas de fabrico inadequadas. d

) Situação de serviço deficiente do utilizador.

2. **Tensão térmica de um cilindro de parede espessa:**

2.1 Distribuição da temperatura:

A forma geral da equação do calor no sistema de coordenadas cilíndricas $(r, \emptyset, z)$ é [114] :

$$\frac{1}{r}\frac{\partial}{\partial r}\left(r\frac{\partial t}{\partial r}\right)+\frac{1}{r^2}\frac{\partial^2 T}{\partial \emptyset^2}+\frac{\partial^2 T}{\partial z^2}+\frac{g}{k}=\frac{1}{\alpha}\frac{\partial T}{\partial t} \qquad (2.1)$$

2.1.1 Distribuição de temperatura em estado estacionário:

A equação de condução de calor em estado estacionário na direção radial com geração interna de calor nula:

$$\frac{1}{r}\frac{\partial}{\partial r}\left(r\frac{\partial T}{\partial r}\right) = 0 \qquad (2.2)$$

A solução da equação (2) é: T(r) = $Aln(r) + B$ (2.2)

em que A e B são constantes.

Condição de fronteira:

Caso-1: Temperatura uniforme na superfície interior e exterior do cilindro.

$$T(r) = T_a \ when\, r = r_a$$
$$T(r) = T_b \ when\, r = r_b \qquad (2.3)$$

As constantes A e B são determinadas utilizando a condição de fronteira de (2.3) em (2.2). A distribuição da temperatura pode ser determinada da seguinte forma[83]:

$$T(r) = \frac{\Delta t}{\ln\left(\frac{r_b}{r_a}\right)}\ln\left(\frac{r_b}{r}\right) + T_b$$ Considerando que $\Delta t = T_a - T_b$ (2.4)

Caso-2: Temperatura uniforme na superfície interior e convecção aplicada na superfície exterior.

$$T(r) = T_a \ when\, r = r_a$$

$$-k\,\frac{dT}{dr} = h(T - T_\infty) \ when\, r = r_b \qquad (2.5)$$

A distribuição da temperatura pode ser determinada da seguinte forma[83]:

$$T(r) = \frac{h(T_{(1)} - T_\infty) r_b \ln\left(\frac{r_a}{r}\right)}{k} + T_a \qquad (2.6)$$

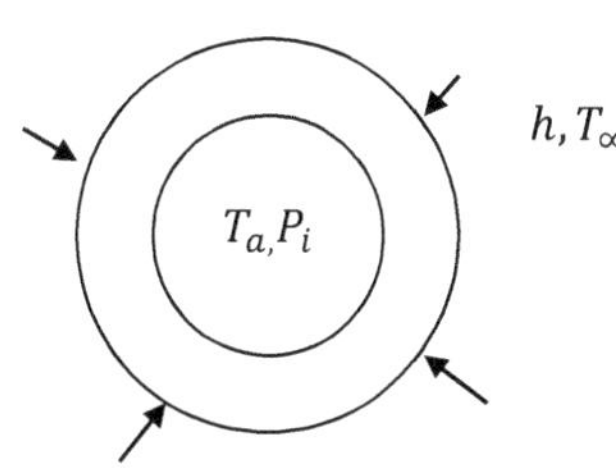

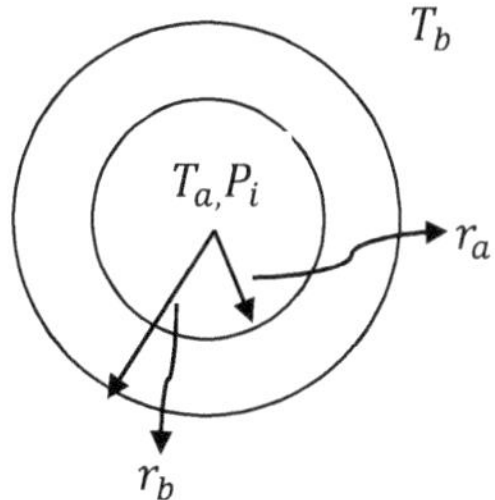

Fig 1.a: Cilindro espesso sob pressão e carga térmica uniforme. Fig 1.b: Cilindro espesso sob pressão e Convecção na superfície exterior.

2.1.2 Distribuição da temperatura transiente:

$-k\frac{\partial T}{\partial r} = h(T - T_\alpha)\ when\ r = r_b$ (Quando a convecção é considerada)

T= T_0 quando t = 0

$T_a - T_0 = f$ Quando $r = r_a$

$\frac{dT}{dr} = 0\ \ when\ r = r_b$ (Quando a convecção não é considerada) (2.7)

A distribuição da temperatura em estado transiente pode ser obtida utilizando o método de separação de variáveis ou o método das diferenças finitas. Kandil[26] calcula a distribuição de temperatura para um cilindro simples em estado transiente utilizando o método das diferenças finitas. A temperatura num nó interior (m) na fig. 2a, após um intervalo de tempo Δt, é dada pela equação [26]:

$$T_m^{\Delta t} = F_0\left(\frac{r_{m-1,m}}{r_m}T_{m-1} + \frac{r_{m,m+1}}{r_m}T_{m+1}\right) + (1 - 2F_0)T_m \qquad (2.8)$$

Para o nó não interior (n) (na superfície exterior) na fig. 2b, a equação da temperatura é dada por

$$T_n^{\Delta t} = 2F_0\left(\frac{r_{n-1,n}}{r_n}T_{n-1} + B_iT_0\right) + [1 - 2F_0(\frac{r_{n-1,n}}{r_n} + B_i)]T_n \qquad (2.9)$$

Em seguida, a distribuição da temperatura é obtida através da resolução destas equações em intervalos de tempo específicos Δt. F_0 é o número de Fourier, B_ié o número de Biot, t é o tempo.

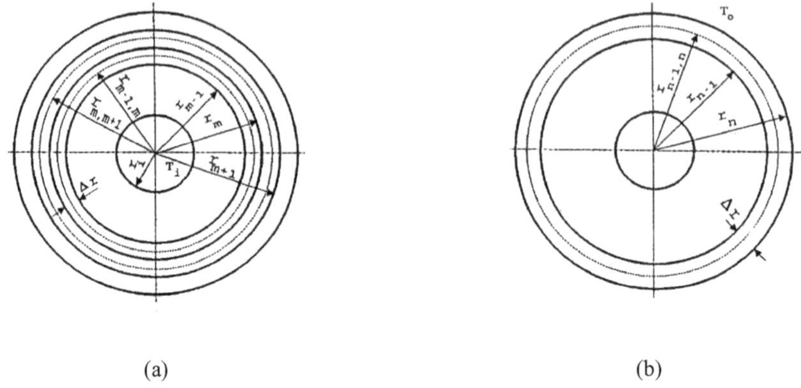

Fig 2: Cilindro espesso com (a) nó interior (b) nó não interior [26]

Golamali atefi et al. [64] resolveram o problema da equação de condução de calor unidimensional aplicada num cilindro oco, que está sujeito a uma condição de fronteira periódica na superfície exterior enquanto a superfície interior está isolada, utilizando séries de Fourier. A distribuição de temperatura obtida contém duas caraterísticas, a amplitude sem dimensão e a diferença de fase sem dimensão. Os resultados foram representados em relação aos números de Biot e de Fourier. Wang [65, 66] obteve a distribuição de temperatura transiente num cilindro oco utilizando o método de separação de variáveis. Não há muitos trabalhos publicados sobre a solução da distribuição de temperatura utilizando o método de separação de variáveis. V Radu et al. [67] utiliza uma transformada finita de Hankel e algumas propriedades das funções de Bessel para determinar a distribuição de temperatura num cilindro oco sujeito a uma carga térmica transitória na superfície interior. A distribuição de temperatura através da espessura da parede de um cilindro oco para uma condição de fronteira de carga térmica sinusoidal na superfície interna é [67]:

$$\theta(r,\omega,t) = k\pi \sum_{n=1}^{\infty} \frac{s_n^2 J_0^2(s_n b)}{J_0^2(s_n b) - J_0^2(s_n a)} [Y_0(s_n a) J_0(s_n r) - Y_0(s_n r) J_0(s_n a)]\, x \left[\theta_o \frac{\omega e^{-k s_n^2 t} + (k s_n^2)\sin(\omega t) - \omega\cos(\omega t)}{(k s_n^2)^2 + \omega^2}\right] \quad (2.10)$$

2.2 Teoria da tensão térmica:

As tensões que resultam da restrição do crescimento natural / contração do material devido a uma mudança de temperatura são chamadas tensões térmicas. Se a parede do cilindro for sujeita a um fluxo térmico centrífugo ou centrípeto, desenvolvem-se tensões que restabelecem a congruência das deformações; a congruência é, no entanto, perturbada por dilatações térmicas que variam ao longo da parede.

Para calcular as tensões térmicas/termo-mecânicas são utilizadas as seguintes equações de equilíbrio [2]:

$$\frac{d\sigma_r}{dr} + \frac{\sigma_t - \sigma_r}{r} = 0 \quad (2.11)$$

E a equação do deslocamento da deformação é a seguinte

$$\varepsilon_r = \frac{du}{dr}, \ \varepsilon_t = \frac{u}{r}, \ \varepsilon_z = 0 \qquad (2.12)$$

As tensões no recipiente de pressão cilíndrico podem ser escritas como [5]

$$\left.\begin{aligned} \sigma_r &= \frac{E}{(1+\mu)(1-2\mu)}\left[(1-\mu)\varepsilon_r + \mu\varepsilon_t\right] - \frac{E\alpha T}{1-2\mu} \\ \sigma_t &= \frac{E}{(1+\mu)(1-2\mu)}\left[(1-\mu)\varepsilon_t + \mu\varepsilon_r\right] - \frac{E\alpha T}{1-2\mu} \\ \sigma_z &= \frac{E}{(1+\mu)(1-2\mu)}\left[\mu(\varepsilon_t + \varepsilon_r)\right] - \frac{E\alpha T}{1-2\mu} \end{aligned}\right\} \qquad (2.13)$$

Onde ε_r , ε_t , e ε_z são a deformação radial, a deformação em anel e a deformação axial, respetivamente, e $\sigma_r, \sigma_t, \sigma_z$ u representa o deslocamento radial, μ representa o coeficiente de Poisson e E representa o módulo de Young. T representa a variação de temperatura em relação à temperatura de referência.

Resolvendo as equações considerando as condições de fronteira de $\sigma_r = 0$ no interior e no exterior do cilindro, as tensões térmicas são calculadas como [2]:

$$
\left.
\begin{aligned}
\sigma_t &= \frac{\alpha E}{1-\mu}\left[\frac{\int_{r_i}^{r_0} Tr dr}{r_0^2-r_i^2}\left(\frac{r_i^2}{r^2}+1\right)+\frac{1}{r^2}\int_{r_i}^{r} Tr\, dr - T\right] \\
\sigma_r &= \frac{\alpha E}{1-\mu}\left[\frac{\int_{r_i}^{r_0} Tr dr}{r_0^2-r_i^2}\left(1-\frac{r_i^2}{r^2}\right)-\frac{1}{r^2}\int_{r_i}^{r} Tr\, dr\right] \\
\sigma_z &= \frac{\alpha E}{1-\mu}\left[\frac{2\int_{r_i}^{r_0} Tr dr}{r_0^2-r_i^2} - T\right]
\end{aligned}
\right\} \quad (2.14)
$$

Se as distribuições de temperatura (T) forem conhecidas, o integral da equação pode ser resolvido por método numérico e, assim, a tensão térmica pode ser determinada. As tensões térmicas são de estado estacionário e transitório.

2.3 Tensão térmica em estado estacionário:

Um dos casos de tensão térmica ocorre nos recipientes cilíndricos quando o calor flui através dos lados em estado estacionário, fazendo com que a diferença de temperatura de equilíbrio entre a superfície interna e externa permaneça constante[2]. Muito trabalho tem sido feito para descobrir as tensões térmicas num cilindro de parede espessa em condições de estado estacionário.

Ungar et al. [3] desenvolveram a relação entre o coeficiente de expansão térmica e as tensões para materiais ortotrópicos. Hata T. e Atsumi [4] utilizaram um método de perturbação para obter uma solução aproximada para um cilindro oco de camada única transversalmente anisotrópico com propriedades dependentes da temperatura. Timoshenko e Goodier [5] resolveram o problema da tensão térmica axissimétrica para um cilindro de camada única com base na teoria da elasticidade. H. Vollbrecht [6] estudou a distribuição de tensões em paredes cilíndricas e esféricas sujeitas a pressão interna e fluxo de calor estacionário. Kandil [7] investigou a tensão num cilindro composto sujeito a um gradiente constante de temperatura e pressão. O cilindro composto é montado em conjunto por encaixe retrátil. Kalam [8] et al. obtiveram a distribuição de tensões térmicas para um cilindro ortotrópico de camada única sujeito a um campo térmico assimétrico. Sinha [9] utilizou o método dos elementos finitos para analisar a tensão térmica e a distribuição de temperatura num cilindro oco espesso sujeito a um fluxo de calor em estado estacionário na direção radial. Stasynk et al. [10] investigaram a tensão térmica em estado estacionário de cilindros ocos considerando o efeito da variação da condutividade térmica em função da temperatura. Verificaram que o efeito da condutividade térmica na temperatura e nas tensões é ligeiro para pequenos valores do fluxo de calor interno. No entanto, para um grande fluxo de calor, a diferença de temperatura e de tensões entre a condutividade térmica dependente e independente da temperatura pode atingir 20%. Y. Takeuti e T. Furukawa [11] discutem a solução do problema de choque térmico numa placa considerando o efeito das duas condições seguintes: (a) Tratamento dinâmico devido à presença de um termo de inércia. (b) Um problema de tensão térmica acoplado na presença de um termo de acoplamento termoelástico. A partir desta discussão, é possível deduzir a importância deste efeito na distribuição das tensões térmicas quando a placa é sujeita a uma mudança brusca de temperatura. Concluiu-se que é mais importante considerar o termo de acoplamento na equação governante do que considerar o termo de inércia para o metal comum para obter a solução exacta para o problema de choque térmico na placa. Ghosn et al.[12] investigaram o problema termoelástico acoplado quasi-estático unidimensional axissimétrico para regiões cilíndricas. A transformação de Laplace é utilizada para resolver o problema. A inversão para o domínio real é obtida pelo uso do teorema dos resíduos de Cauchy e do teorema da convolução. A solução é apresentada para o caso de um cilindro sólido infinitamente longo e para um meio infinito com um orifício cilíndrico. Os resultados obtidos a partir da discussão são comparados com a solução de um trabalho de investigação já publicado, tendo-se verificado que, quando se fazem suposições semelhantes e se utilizam as mesmas condições de fronteira, ambas as soluções mostram uma concordância total entre si. Chen [13] investigou as tensões térmicas num cilindro oco anisotrópico axissimétrico de comprimento finito e resolveu o problema através de uma aproximação direta em série de potências. Noda [14] analisou as tensões num cilindro de camada única com propriedades dependentes da temperatura. Naga [15] apresenta a análise de tensões e a otimização de cilindros de paredes espessas impermeáveis e permeáveis sob o efeito combinado de gradientes de temperatura e pressão. Naga efectua a otimização de cilindros de paredes espessas sujeitos a diferença de pressão e fluxo de calor interno. Blandford et al. [16] estudaram o efeito da pressão interna nas tensões termoelásticas em vasos de camada única. Obtêm uma solução numérica para as tensões termoelásticas de conjuntos cilíndricos não isotrópicos. Ting [17] considera um tubo circular cilíndrico anisotrópico elástico sujeito a um carregamento complexo de pressão de fluido, torção e cargas axiais. Ting [18] considera um tubo circular cilíndrico anisotrópico elástico sujeito a um carregamento complexo de pressão de fluido, torção e cargas axiais.

2.4 Tensão térmica transitória:

Para atingir o estado térmico de equilíbrio, ou seja, o estado estacionário a partir da temperatura uniforme inicial, ocorre primeiro um gradiente térmico transitório, ou seja, dependente do tempo. O gradiente térmico transitório de um recipiente de pressão cilíndrico devido a uma mudança súbita do ambiente térmico é importante para o projeto de muitas aplicações avançadas de engenharia. Exemplos de tais aplicações encontram-se na engenharia nuclear, nas secções de bocais de foguetões, nos tubos de canhões e de canos, nos motores de combustão interna e nas matrizes de ferramentas de enformação a quente. Por conseguinte, o projeto de tais cilindros deve ser combinado com uma análise mais precisa das tensões térmicas, tendo em conta a variação dependente do tempo. Poucos trabalhos foram relatados para investigar a tensão térmica transitória em cilindros espessos.

J. H. Prevost e D. Tao [19] consideram um método de elementos finitos para resolver os problemas de termoelasticidade dinâmica acoplada. O modelo de termoelasticidade dinâmica de Green e Lindsay é utilizado para resolver o efeito transiente em problemas de termoelasticidade, uma vez que permite efeitos de "segundo som" e, em seguida, o problema é reduzido ao modelo clássico através da escolha adequada dos parâmetros. A integração temporal das equações de elementos finitos semi discretos é obtida utilizando um esquema implícito-explícito proposto por Hughes, et al. O procedimento de solução pode ser alargado para analisar eficazmente os problemas relacionados com o som e a propagação de ondas. Chen [20] formulou uma nova técnica numérica - método numérico híbrido - para resolver problemas relacionados com sistemas lineares de condução de calor em regime transiente. Utilizou a transformada de Laplace para remover a dependência temporal da equação governante e das condições de fronteira, e depois resolveu as equações transformadas com o método dos elementos finitos e das diferenças finitas. Finalmente, a temperatura transformada foi invertida por inversão numérica da transformada de Laplace. Ficou provado que o método pode determinar com precisão as soluções estáveis num determinado momento. No entanto, este método tem-se limitado a uma solução nodal em cada momento específico. Quando aplicado a um problema com muitos nós, consome uma quantidade excessiva de tempo de computador. G.A. Kardomateas [21] obteve as tensões térmicas transitórias num cilindro ortotrópico de camada única sujeito a uma temperatura conhecida, assumindo que as propriedades do material são independentes da temperatura. G.A. Kardomateas [22] investigou as tensões e os deslocamentos na fase inicial da aplicação de uma carga térmica nas superfícies limítrofes de um cilindro circular oco ortotrópico utilizando as expansões assintóticas de Hankel para as funções de Bessel de primeira e segunda ordem. A carga aplicada pode ser de temperatura constante, fluxo de calor constante, fluxo de calor nulo ou convecção de calor para um meio diferente em qualquer das superfícies. As propriedades do material são assumidas como independentes da temperatura. Uma temperatura constante aplicada numa superfície e a convecção para um meio a uma temperatura diferente na outra superfície é utilizada para explicar a variação das tensões com o tempo e através da espessura na fase transiente inicial. O problema de Chen (1987) [23] foi resolvido utilizando um método de transformada de semelhança na matriz de coeficientes complexos. Wu, Rauch e Kessel [24] examinaram a teoria generalizada da termoelasticidade com um coeficiente de acoplamento térmico-mecânico e três coeficientes de tempo de relaxação térmica. Consideraram um problema de valor de fronteira de uma casca cilíndrica ortotrópica simplesmente apoiada sujeita a alterações súbitas de temperatura e a um carregamento mecânico. O método de Perturbação é utilizado para resolver o problema. Goshima e Miyao [25] consideraram um longo cilindro circular oco sujeito a geração interna transitória de calor devido à radiação de raios γ, e arrefecido por convecção nas suas superfícies interior e exterior. Utilizam a transformada de Laplace e a função de Green para analisar o problema. Kandil [26] apresenta uma análise completa das tensões térmicas num cilindro oco de paredes espessas sujeito a um gradiente de temperatura interna transitório. A avaliação da temperatura e da distribuição de tensões em condições de estado instável é obtida através da resolução numérica do modelo matemático. Neste modelo, assume-se que a temperatura na fronteira da superfície interior se altera de acordo com determinadas condições de trabalho. São consideradas quatro condições para o estudo: a temperatura na superfície interior é alterada a) Subitamente para a temperatura de funcionamento e depois permanece constante durante o tempo de funcionamento b) Aumenta linearmente até à temperatura de funcionamento e depois permanece constante durante o tempo de funcionamento C) Oscila de acordo com a função harmónica durante o tempo de funcionamento. D) assume uma forma periódica arbitrária durante o tempo de funcionamento. A distribuição da temperatura, a tensão radial, a tensão tangencial, a tensão axial e a tensão efectiva para todas as condições são determinadas. Foi efectuado um estudo teórico da análise das tensões térmicas, utilizando o método das diferenças finitas. A análise revela que a tensão efectiva máxima ocorre sempre na superfície interior do cilindro e que o seu valor máximo ocorre no início da temperatura de funcionamento. Quando a temperatura da superfície interior oscila, ocorrem tensões oscilantes em diferentes raios do cilindro. Verifica-se que a amplitude máxima da tensão efectiva se situa na superfície interior, enquanto a mínima se situa na superfície exterior. A fim de reduzir a tensão efectiva no cilindro, a superfície interior deve ser aquecida gradualmente até à temperatura de funcionamento. A partir desta análise, verifica-se que o tempo transitório após o qual a temperatura do cilindro atinge a condição de estado estacionário depende tanto do rácio do diâmetro como do tempo de aquecimento. Wang [27] apresenta um método para a análise do problema da termoelasticidade dinâmica num cilindro oco, mas não resolve a equação da condução de calor e, num exemplo, utiliza uma distribuição de temperatura constante para encontrar as tensões. Sen et al.[28] derivaram uma técnica de elementos finitos para prever as tensões residuais e térmicas que ocorrem durante a têmpera em água de barras cilíndricas sólidas e tubos de aço com secção transversal em anel. Segall [29] apresentou uma solução em forma fechada para as tensões térmicas puras transitórias num cilindro de parede espessa sujeito a aquecimento na superfície interna do cilindro com convecção para o ambiente externo circundante. Shahani e Nabavi [30] resolveram analiticamente o problema das tensões térmicas transitórias para um cilindro oco, utilizando a transformada finita de Hankel, em que as condições de fronteira térmicas foram assumidas como constantes. Yee e Moon [31] apresentaram uma solução analítica para a análise das tensões térmicas transitórias e quase-estáticas planas de um cilindro oco ortotrópico sujeito a uma distribuição arbitrária da temperatura inicial e a condições de fronteira térmicas homogéneas. A solução termoelástica foi obtida por uma abordagem de função de tensão. O campo de temperatura assimétrico transitório é caracterizado por expansões de funções próprias de Fourier-Bessel. Shahani e Nabavi [32] resolveram analiticamente o problema da tensão térmica transitória para um cilindro oco, usando a transformada finita de Hankel, em que as condições de fronteira térmica foram assumidas como constantes. A.E. Segall [33] derivou as respostas transitórias de um tubo de parede espessa sujeito a uma excitação generalizada de temperatura na superfície interna usando a relação de Duhamel. A generalização da excitação da temperatura foi conseguida utilizando um polinómio composto por termos de ordem integral e de meia-ordem. Para evitar a avaliação de funções recorrentes no domínio complexo, a transformação de Laplace e uma fórmula de inversão de Gaver-Stehfest de 10 termos foram usadas para resolver a equação integral de Volterra resultante. A.R. Shahani et al.[34] resolveram analiticamente o problema da termoelasticidade num cilindro de parede espessa utilizando a transformada finita de Hankel. São considerados dois casos diferentes: Problema de tração-deslocamento (a tração é prescrita na superfície interior e a condição de fronteira de deslocamento fixa na superfície exterior) e problema de tração-tração (as tracções são prescritas nas superfícies interior e exterior do cilindro oco). A resposta térmica transitória do cilindro é derivada e, em seguida, o problema estrutural quase-estático é resolvido e são extraídas relações de forma fechada para as tensões térmicas nos dois problemas. Os resultados mostram estar de acordo com os citados na literatura nos casos especiais. J. Ying e H.M. Wang[35] obtiveram uma solução exacta para a análise elasto-dinâmica bidimensional de um cilindro oco finito excitado por um choque térmico não uniforme. O cilindro é simplesmente suportado nas duas extremidades e é livre de tração nas superfícies cilíndricas interna e externa. A solução para o problema é desenvolvida empregando o método de expansão de séries trigonométricas e a técnica de separação de variáveis baseada na teoria termoelástica linear desacoplada. A solução obtida contém duas séries infinitas. Uma é a função trigonométrica e a outra é a função de Bessel. Os coeficientes na solução da série são determinados pelas propriedades ortogonais das funções. São efectuadas experiências numéricas para descrever o comportamento dinâmico térmico de um cilindro oco finito. Ashraf M. Zenkour [36] discutiu o problema da termoelasticidade generalizada com um tempo de relaxação para um cilindro anular infinito com propriedades físicas dependentes da temperatura. A condição de ausência de tensões é considerada para as superfícies curvas interna e externa do cilindro. A superfície interior é sujeita a decaimento com o tempo e a temperatura, enquanto a superfície exterior é mantida a uma temperatura de referência. A solução das equações diferenciais parciais não lineares acopladas é obtida através de um modelo de elementos finitos. A solução transiente pode ser avaliada diretamente a partir do modelo em qualquer momento. A solução numérica do deslocamento, da temperatura e das tensões é obtida no interior do anel para diferentes formas das propriedades do material do meio, dependentes e independentes da temperatura. O efeito do parâmetro dependente da temperatura e do tempo de relaxação é investigado através de diferentes gráficos. Yujia Sun e Xiaobing Zhang [37] estudaram a transferência de calor em regime transiente de um tubo circular sujeito a uma fonte de calor interna em expansão cíclica. A fronteira direita da fonte de calor desloca-se da sua posição original para a extremidade do tubo circular em poucos milissegundos, durante os quais a parede interna está sob aquecimento convectivo forçado e depois o tubo está sob arrefecimento natural durante alguns segundos. A isto chama-se um ciclo. Para analisar a transferência de calor transiente do tubo sob esta carga térmica cíclica, é utilizado o método dos volumes finitos. As respostas de temperatura, as respostas de fluxo de calor e as distribuições de temperatura são desenvolvidas para mostrar as caraterísticas térmicas de um tubo deste tipo. A partir da análise, verifica-se que a parede interior está sujeita a um impacto térmico intenso e que ocorre um grande gradiente de temperatura na região próxima da parede interior. O efeito do método de arrefecimento com água exterior na transferência de calor no tubo é estudado. As previsões mostram que este método pode reduzir a tendência de crescimento do pico de temperatura da parede interior e retirar muito do calor armazenado no tubo. V Radu et al [67] desenvolveram uma solução analítica com várias caraterísticas novas para o campo de temperatura e as distribuições de tensões térmicas elásticas associadas para um cilindro circular oco sujeito a uma carga térmica transitória sinusoidal na superfície interior. Utilizando uma transformada finita de Hankel e algumas propriedades das funções de Bessel. A solução analítica é comparada com a solução de elementos finitos e com outra literatura, tendo-se encontrado uma boa concordância.

Yingwei Yun et al. [115] investigaram a distribuição de tensões num cilindro de paredes espessas sob choque térmico. O choque térmico foi introduzido utilizando a função de Dirac e a distribuição da temperatura foi obtida pela transformada de Laplace. Finalmente, foram obtidas as variações dependentes do tempo do campo de temperatura e da tensão térmica e discutido o efeito do rácio do raio do cilindro na tensão térmica.

3. Tensões termo-mecânicas:

A tensão desenvolvida devido à presença simultânea de pressão (pressão interna do fluido e/ou pressão externa) e de campo térmico (estado estacionário/transitório) é designada por tensão termomecânica.

Condições de fronteira adoptadas para o cálculo da tensão termo-mecânica:

$\sigma_r(r) = -P_i \; when\, r = r_a$
$\sigma_r(r) = 0 \; when\, r = r_b$ (Apenas pressão interna do fluido) ,
$\sigma_r(r) = -P_0 \; when\, r = r_b$ (Quando existe pressão externa) (3.1)

Condição de fronteira de estado estacionário:

$T(r) = T_a \; when\, r = r_a$,
$T(r) = T_b \; when\, r = r_b$ (A convecção na superfície exterior não é considerada)

$-k\,\frac{dT}{dr} = h(T - T_\infty) \; when\, r = r_b$ (Considera-se a convecção na superfície exterior) (3.2)

Condição de fronteira de estado transiente:

$-k\,\frac{\partial T}{\partial r} = h(T - T_\alpha) \; when\, r = r_b$ (Quando a convecção é considerada)
T= T_0 quando t = 0
$T_a - T_0 = f$ Quando $r = r_a$
$\frac{dT}{dr} = 0 \; when\, r = r_b$ (Quando a convecção não é considerada) (3.3)

As tensões termo-mecânicas $(\sigma_t, \sigma_r, \sigma_z)$ devidas ao campo de temperatura e à pressão interna do fluido podem ser calculadas como

$$\left.\begin{aligned}
\sigma_t &= \frac{\alpha E}{1-\mu}\left[\frac{\int_{r_i}^{r_0} Trdr}{r_0^2-r_i^2}\left(\frac{r_i^2}{r^2}+1\right)+\frac{1}{r^2}\int_{r_i}^{r} Tr\,dr - T\right]+\frac{p}{a^2-1}\left(1+\frac{r_0^2}{r^2}\right)\\
\sigma_r &= \frac{\alpha E}{1-\mu}\left[\frac{\int_{r_i}^{r_0} Trdr}{r_0^2-r_i^2}\left(1-\frac{r_i^2}{r^2}\right)-\frac{1}{r^2}\int_{r_i}^{r} Tr\,dr\right]+\frac{p}{a^2-1}\left(1-\frac{r_0^2}{r^2}\right)\\
\sigma_z &= \frac{\alpha E}{1-\mu}\left[\frac{2\int_{r_i}^{r_0} Trdr}{r_0^2-r_i^2}-T\right]+\frac{p}{a^2-1}
\end{aligned}\right\} \quad (3.4)$$

Onde $a = \frac{r_0}{r_i}$

As propriedades térmicas e termo-mecânicas efectivas podem ser calculadas a partir da teoria de Von-Mises:

$$\sigma_v = [\sigma_t^2 + \sigma_r^2 + \sigma_z^2 - (\sigma_t\sigma_r + \sigma_t\sigma_z + \sigma_r\sigma_z)]^{1/2} \quad (3.5)$$

Wu, Rauch e Kessel [38] examinaram a teoria generalizada da termoelasticidade com um coeficiente de acoplamento térmico-mecânico e três coeficientes de tempo de relaxação térmica. Consideraram um problema de valor de fronteira de uma casca cilíndrica ortotrópica simplesmente apoiada sujeita a alterações súbitas de temperatura e a um carregamento mecânico. O método de perturbação é utilizado para resolver o problema. H.Wong et al.[39] investigaram um modelo analítico de um tubo elastoplástico de parede espessa sujeito a uma pressão interna e a um campo de temperatura axissimétrico dependente do tempo. A expansão térmica subsequente gera zonas plásticas de acordo com uma ordem precisa pré-determinada. É obtida uma solução de forma fechada expressa em termos das principais incógnitas do problema (ou seja, os limites das zonas elastoplásticas) com base num conjunto de hipóteses simplificadoras, mas realistas. Estas incógnitas são as raízes de um conjunto de equações algébricas que podem ser facilmente determinadas por cálculos numéricos simples. Os resultados são comparados com resultados numéricos bidimensionais. M. Shariyat[40] desenvolveu um algoritmo para a análise do comportamento transiente não linear de tubos ou recipientes cilíndricos espessos e funcionalmente graduados com propriedades materiais dependentes da temperatura sujeitos a cargas termomecânicas. É proposto um método de elementos transfinitos hermitianos para melhorar a precisão e evitar interferências artificiais ou a formação de coesão nas fronteiras mútuas dos elementos. As variações temporais das temperaturas, deslocamentos e tensões são obtidas através de uma inversão numérica de Laplace. É efectuada uma análise de sensibilidade que inclui a investigação dos efeitos do índice de fração volumétrica, das dimensões e da dependência das propriedades dos materiais em relação à temperatura. Os resultados confirmam a eficiência do presente algoritmo e revelam os efeitos significativos da dependência da temperatura das propriedades do material e das reflexões e interferências das ondas elásticas nas respostas. Em comparação com outras técnicas, a presente técnica pode ser utilizada para obter resultados relativamente exactos e estáveis num menor tempo de cálculo. V. Chaudhry et al. [41] efectuaram uma análise termomecânica detalhada da cuba de pressão do reator da central nuclear de Tarapur Atomic Power Station-1&2 utilizando a análise por elementos finitos e os resultados são validados com soluções analíticas. Foram estimadas a distribuição da temperatura e das tensões sob vários transientes de funcionamento ao longo da espessura da parede da região da linha de cintura do núcleo e do bocal de recirculação. Libiao Xin et al. [42] discute o problema termoelástico do tubo de parede espessa funcionalmente graduado sujeito a cargas mecânicas e térmicas axissimétricas, assumindo que o tubo é constituído por dois constituintes elásticos lineares e que a fração de volume de uma fase é uma função de potência variada na direção radial, sendo a solução dada em termos de fracções de volume dos constituintes. Assume-se um campo de deformação uniforme no interior do elemento de volume representativo. As soluções teóricas do deslocamento e das tensões são apresentadas e comparadas com a análise de elementos finitos. O presente método é válido para os materiais com diferentes rácios de Poisson dos constituintes. Os efeitos da fração de volume, do rácio de dois coeficientes de expansão térmica e do rácio de dois coeficientes de condução térmica no deslocamento e nas tensões são sistematicamente investigados. As estruturas, como os recipientes sob pressão, devem funcionar sob cargas térmicas e mecânicas e em condições de fadiga de baixo ciclo. A. Nayebi e R. El Abdi [77] consideram o comportamento cíclico plástico e de fluência de uma esfera de parede espessa e de um recipiente de pressão cilíndrico sujeitos a pressão e/ou temperatura cíclicas. O comportamento em estado estacionário dos recipientes é investigado utilizando o endurecimento cinemático linear na condição plástica e a lei de potência de Norton na condição de fluência. Cada ciclo de carga consiste em quatro etapas: carga, fluência, descarga e fluência. Foi desenvolvido um programa numérico para calcular o estado final de tensão-deformação. Verifica-se que, devido à deformação plástica e à deformação de fluência na descarga, tanto para a pressão como para a temperatura.

Jiann-Quo-Tarn [122] investigou a tensão termo-mecânica num cilindro anisotrópico funcionalmente graduado sujeito a extensão, torção, cisalhamento, pressão e mudança de temperatura. A solução analítica é desenvolvida para a distribuição de temperatura, deformação termoelástica e tensões, com dependência de lei de potência dos módulos, sujeita a força axial e torque na extremidade e a força de superfície que varia circunferencialmente, mas não axialmente. Uma solução analítica para a distribuição de tensões termoelásticas para um cilindro rotativo também é considerada no estudo.

4. Vaso de pressão compósito multicamadas:

Os cilindros compósitos multicamadas sujeitos a um campo térmico (uniforme ou não uniforme) ou a um campo termomecânico apresentam um interesse tanto teórico como prático devido às suas vastas aplicações em diferentes sectores. Exemplos de tais estruturas são as longas condutas revestidas com um revestimento protetor utilizadas para o transporte de petróleo, gases, etc. vasos de pressão compósitos multicamadas ou reforçados com fibras utilizados em diferentes indústrias, reservatórios de combustível de hidrogénio, etc. Os cilindros sólidos multicamadas, tais como fibras ou fios revestidos, são utilizados em fibras ópticas, em que a temperatura do núcleo aumenta devido ao fluxo de electrões. Dois tipos de recipientes sob pressão compósitos são amplamente utilizados em diferentes aplicações de engenharia. Um é o compósito reforçado com fibras, ou seja, uma matriz polimérica é reforçada com uma fibra ou outro material de reforço com uma relação de aspeto (comprimento/espessura) suficiente para proporcionar uma função de reforço percetível numa ou mais direcções. Outro é o compósito laminado que consiste em camadas finas de diferentes materiais ligados entre si, tais como bimetais, metais revestidos, contraplacado, etc.

4.1. Recipiente sob pressão em materiais compósitos laminados:

Os recipientes sob pressão convencionais constituídos por uma única camada (material único) podem muitas vezes satisfazer os requisitos de serviço em condições de alta temperatura, alta pressão do fluido e ambiente corrosivo [43,44]. Por conseguinte, um recipiente sob pressão compósito de várias camadas é amplamente utilizado para satisfazer os requisitos em diferentes condições de serviço industrial, utilizando diferentes camadas de diferentes materiais. Geralmente, a camada interior é constituída por material de liga de alto desempenho, uma vez que a camada interior está sujeita a alta pressão do fluido e a alta temperatura. Enquanto a camada exterior é constituída por aço ou fibra. Todas as camadas estão firmemente ligadas entre si. São amplamente utilizados em várias indústrias, como o reator de alta pressão. O problema termoelástico axissimétrico foi resolvido por Timoshenko e Goodier [45] no seu livro sobre "Teoria da elasticidade". Foi publicado um grande número de artigos relacionados com a análise termoelástica de cilindros multicamadas. Ambartsumian, S.A. [46] formulou vários problemas de análise termoelástica de cascas multicamadas e compostas. P. G. Pimshtein e V. N. Zhukova [47] calculam as tensões num cilindro laminado tendo em conta as especificidades do contacto entre camadas.

4.1.1. Análise térmica em estado estacionário:

Distribuição da temperatura em estado estacionário num cilindro compósito multicamadas (fig. 3):

A equação de condução de calor em estado estacionário em coordenadas cilíndricas é [114]:

$$\left(\frac{d^2}{dr^2} + \frac{1}{r}\frac{d}{dr}\right)T(r) = 0 \tag{4.1}$$

Onde T(r) é a função de distribuição radial da temperatura. Por conseguinte, a função de distribuição da temperatura de uma camada arbitrária é

$$T_k(r) = \frac{T_k - T_{k-1}}{\ln q_k} ln\frac{r}{r_k} + T_k \tag{4.2}$$

Em que T_k entre a k^a e a $k+1^a$ camada pode ser determinado por [79]

$$T_k = (\lambda_k T_{k-1} lnq_{k+1} + \lambda_{k+1} T_{k+1} lnq_k)/(\lambda_k lnq_{k+1} + \lambda_{k+1} lnq_k) \tag{4.4}$$

Onde λ denota a condutividade térmica, R denota o raio interfacial, T denota a temperatura interfacial, e o subscrito k (1,2,.., n) representa a k-ésima camada, onde q é o rácio do raio, e

$$q_k = \frac{r_k}{r_{k-1}} \tag{4.5}$$

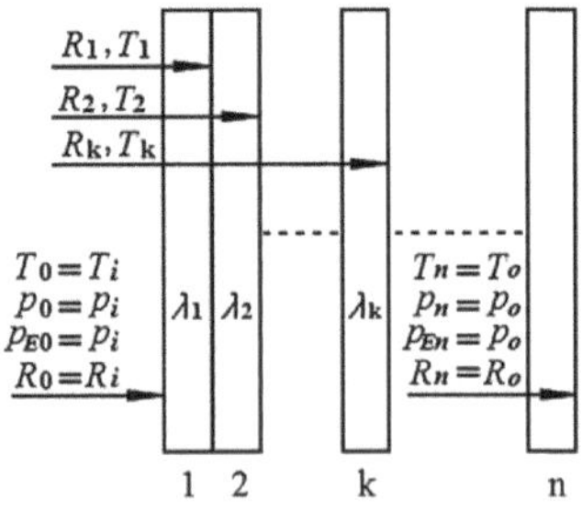

Fig 3: Transferência de calor em estado estacionário da camada N. [79]

Suhir [48] estudou as tensões térmicas em fibras ópticas com revestimento duplo. Num outro trabalho, analisou uma junta de soldadura num cilindro circular finito sujeito a baixas temperaturas. Sherief e Anwar [49] investigaram o problema da termoelasticidade de um cilindro anular infinitamente longo composto por dois materiais diferentes com simetria axial. A transformada de Laplace é usada para obter a solução geral da equação governante no domínio da transformada, usando a abordagem da função potencial. Suhir e Sullivan[50] desenvolveram uma teoria de engenharia para a previsão de tensões interfaciais em cilindros finitos bi-anulares sujeitos a cargas externas ou induzidas termicamente para a avaliação de compostos de moldagem epoxídicos para embalagens plásticas de dispositivos microelectrónicos. Com esta teoria, é possível calcular as tensões de corte e normais (radiais) que surgem na interface entre um cilindro interior (aderente) e um cilindro exterior (adesivo). Bert [51] demonstrou que o coeficiente de expansão térmica de cilindros multicamadas e não isotrópicos depende das tensões no material. Victor Birman [52] apresentou uma solução analítica para resolver o problema das tensões térmicas axissimétricas num cilindro multicamadas feito de material isotrópico com uma diferença constante de temperatura entre a superfície interior e exterior do cilindro. O problema foi resolvido assumindo a condição de deformação simples. São discutidos os casos de um cilindro oco e de um conjunto sólido de várias camadas. O resultado numérico obtido no artigo foi utilizado para determinar a tensão numa fibra ótica com revestimento duplo. A fibra é revestida por silicone (camada primária) e nylon (camada secundária). Tarn e Wang[53] investigaram o comportamento de deformação de tubos compósitos laminados sujeitos a força axial, torção, flexão e pressão interna de fluido. Utilizaram a abordagem do espaço de estados para resolver o problema. Chen X, Liu Y [54] desenvolveram um método avançado de elementos de fronteira para analisar películas finas multicamadas e revestimentos em cilindros elásticos sujeitos a cargas térmicas em estado estacionário. Verificou-se que o BEM térmico desenvolvido pode fornecer uma solução precisa e eficiente para a análise de películas finas e revestimentos com uma relação espessura/comprimento até 10^{-9} , utilizando muito menos elementos de fronteira, em comparação com o FEM. Existem muitos trabalhos que tratam da análise das tensões térmicas de sistemas multicamadas [55-58]. Zong-Yi Lee [59] apresenta uma análise completa das tensões térmicas num cilindro multicamadas sob condições de fronteira periódicas. As distribuições de temperatura e a deformação térmica em estado transiente e estável são obtidas utilizando a transformada de Laplace e métodos de diferenças finitas. Utilizando a transformada de Laplace em relação ao tempo, obtêm-se as soluções gerais das equações que regem a situação no domínio da transformada. Finalmente, a solução é obtida utilizando a transformação de semelhança de matrizes e a transformada inversa de Laplace.

4.1.2 Análise térmica transiente:

Existem muitos trabalhos que tratam do problema da termoelasticidade transiente. Yang e Chen [60] investigaram a resposta transitória de problemas termoelásticos acoplados quasistáticos axissimétricos unidimensionais de um cilindro anular infinitamente longo composto por dois materiais diferentes. As equações governantes são formuladas em termos de incremento de temperatura e deslocamento, tendo em conta os termos termo-mecânicos. Utiliza-se a transformada de Laplace em relação ao tempo para obter a solução geral da equação governante no domínio da transformada. A inversão para o domínio real é obtida utilizando simultaneamente a técnica das séries de Fourier e a operação matricial e não são introduzidos potenciais termoelásticos no processo de solução. Verifica-se que o efeito de acoplamento se comporta como um claro desfasamento na distribuição da tensão e da temperatura. K.C Jane e Z.Y. Lee [61] consideram o problema da resposta termoelástica transitória de cilindros anulares multicamadas de comprimentos infinitos sujeitos a temperaturas conhecidas em superfícies internas e externas livres de tração. A transformada de Laplace e o método das diferenças finitas são usados para analisar o problema da termoelasticidade. Utilizando a transformada de Laplace em relação ao tempo, obtêm-se as soluções gerais das equações que regem o problema no domínio da transformada. A solução é obtida utilizando a transformação de semelhança de matrizes e a transformada inversa de Laplace. Foram obtidas soluções para as distribuições de temperatura e tensão térmica num estado transiente. Não são introduzidos potenciais de termoelasticidade no processo de solução. Foram discutidos os resultados numéricos de cilindros de três e cinco camadas em diferentes passos de tempo. A descontinuidade da tensão circunferencial em cada interface foi registada. Verificou-se que a distribuição da temperatura, o deslocamento e as tensões térmicas variam ligeiramente à medida que o tempo aumenta. Não há limite para o número de camadas anulares do cilindro nos procedimentos computacionais apresentados. Os procedimentos numéricos discutidos neste artigo podem resolver o problema de termoelasticidade generalizada para um cilindro anular laminado composto de várias camadas com materiais não homogéneos. Marie [62] considerou uma solução simples para qualquer variação de temperatura no fluido, onde a influência do revestimento na superfície interna é coberta. A abordagem consiste em decompor a variação de temperatura do fluido numa sucessão de choques lineares. Utilizando a abordagem de resolução de choques lineares, é possível propor uma solução analítica simples, utilizando a mesma constante. F. Jacquemin e A.Vautrin [63] avaliam as tensões internas em tubos laminados espessos, compostos por camadas ortotrópicas, sujeitos a campos térmicos transientes. São obtidas soluções analíticas para calcular as tensões internas devidas a campos térmicos transitórios ao longo da espessura do tubo com base em hipóteses bem fundamentadas e na teoria da termoelasticidade. Considera-se um tubo espesso, laminado e anisotrópico de comprimento infinito sujeito a condições de fluxo de calor nas suas superfícies interior e exterior devido às condições ambientais. O campo térmico transiente é determinado e as tensões termoelásticas são derivadas usando as equações clássicas da mecânica dos sólidos e assumindo um comportamento termoelástico ortotrópico das lâminas. Zong-Yi Lee [74] investigou o problema quase-estático unidimensional de termoelasticidade acoplada axissimétrica de um cilindro oco multicamadas de comprimento infinito cujas fronteiras estão sujeitas a temperaturas dependentes do tempo, adiabáticas e fixas. No caso de um cilindro infinitamente longo, foram calculados os resultados numéricos do cilindro oco multicamadas. Foram utilizados os métodos das diferenças finitas e da transformada de Laplace para obter os resultados numéricos. Foram obtidas as distribuições de temperatura, deslocamentos e tensões térmicas. Suneet singh et al.[123] apresentam uma solução analítica para a condução de calor em estado transiente em coordenadas polares com múltiplas camadas em direcções radiais. O método de separação de variáveis é utilizado para determinar a distribuição de temperatura. Uma solução geral da distribuição de temperatura em estado transiente formulada por Suneet singh (Fig. 4) é a seguinte

$$T_i(r,\theta,t) = \sum_{m=1}^{\infty}\sum_{p=1}^{\infty} D_{mp} e^{-\alpha_i \lambda_{imp}^2 t} R_{imp}(\lambda_{imp} r)\Theta_m(\beta_m \theta) \quad (4.6)$$

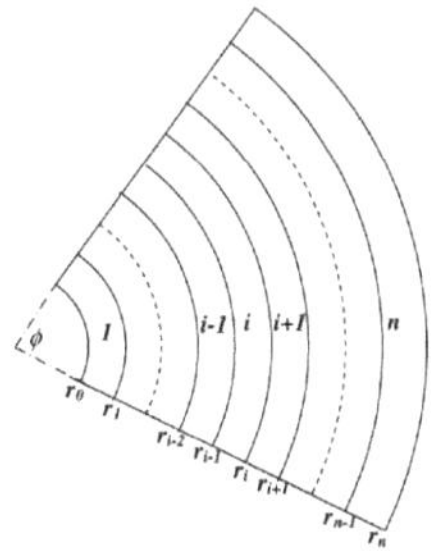

Fig 4: Representação de n camadas em coordenadas polares

4.1.3 Tensões termo-mecânicas:

As tensões desenvolvidas num cilindro laminado exposto a pressão interna e a aquecimento interno foram estudadas por Zhukova e Pimshtein [68, 69]. Zhukova e Pimshtein [70] estudaram as tensões desenvolvidas num cilindro laminado exposto a aquecimento externo e pressão interna. O efeito do aquecimento externo é que a camada exterior mais quente pode separar-se das camadas de assentamento inferiores, devido ao qual as tensões induzidas pela pressão na camada interior aumentam enquanto a condutividade térmica da parede multicamada diminui drasticamente. O modelo aqui apresentado mostra que, se um recipiente for sujeito a tensões de pressão ou se for produzida uma parede laminada, com pré-esforço de tração nas camadas, as tensões de compressão radiais de certa intensidade podem permitir o aquecimento externo sem separação de camadas. Por conseguinte, pode concluir-se que a distribuição da temperatura e das tensões depende do modo de aplicação da tensão e do aquecimento. Xia M et al.[71] desenvolveram dois novos métodos para analisar a compressão lateral de um tubo cilíndrico laminado utilizando a teoria da viga curva e da acumulação de várias camadas. A análise da tensão e da deformação do tubo compósito em sanduíche é investigada utilizando a teoria. Foi efectuada uma investigação experimental e os resultados obtidos foram comparados com os resultados teóricos. Verificou-se que os resultados experimentais se situam entre os cálculos baseados na teoria da viga curva e da acumulação de várias camadas. Verijenko VE et. al [72] formularam a solução analítica exacta para um recipiente de pressão ortotrópico multicamadas sujeito a pressão interna e externa, tendo em conta as propriedades variáveis do material e as tensões interlaminares. Apresentaram a solução para as condições de extremidade aberta e fechada. A partir da análise, verificaram que as tensões radiais e de arco não dependem da condição de extremidade. Utilizaram a abordagem da função de tensão para resolver o problema. Os resultados numéricos são obtidos para cilindros espessos de cinco camadas com camadas isotrópicas e ortotrópicas e a distribuição de tensões ao longo da espessura é apresentada no problema. A caraterística importante do modelo é o facto de permitir uma escolha racional do teor volumétrico de fibras do material compósito ao longo da espessura do recipiente sob pressão. Para este efeito, utilizaram critérios de rotura para determinar a pressão de rotura. O expoente m foi variado de modo a assegurar a distribuição mais eficiente das fibras para maximizar a capacidade de carga da estrutura. Xiang et al. [73] analisam os cilindros ocos elásticos de N camadas sujeitos a pressões uniformes nas superfícies interior e exterior através da introdução de dois algoritmos recursivos simples. No presente trabalho, são investigados dois tipos diferentes de cilindros ocos elásticos heterogéneos. Um deles é um cilindro multicamadas com valores diferentes em camadas diferentes para o módulo de elasticidade e o rácio de Poisson. Outro é um cilindro oco elástico com propriedades materiais continuamente graduadas. As tensões de extrusão entre duas camadas vizinhas no cilindro com várias camadas são determinadas de forma simples e, em seguida, as soluções exactas da estrutura podem ser facilmente encontradas com base na solução de Lame. Para o cilindro oco com propriedades graduadas exponenciais e propriedades graduadas lineares, as soluções exactas são encontradas através da resolução de uma equação de Whittaker ou de uma equação hiper-geométrica. Verifica-se que os diferentes perfis dos parâmetros graduados não têm um efeito significativo sobre as tensões. Estes trabalhos apenas consideram as tensões devidas à carga mecânica, mas não estudam as tensões desenvolvidas devido à presença simultânea de carga mecânica e térmica. Aksoy et. al [75] investigaram a distribuição de tensões termoelásticas de um cilindro feito de materiais isotrópicos laminados sujeitos a cargas termo-mecânicas e velocidade angular. Verificou-se que as propriedades do material, a força de inércia e a temperatura têm efeitos significativos na distribuição das tensões. Knut Vedeld et.al [76] desenvolveram uma solução analítica para o campo de deslocamentos e a distribuição de tensões em cilindros multicamadas axialmente carregados e montados em molas, sujeitos a cargas térmicas e de pressão. É introduzido um algoritmo analítico recursivo para resolver o problema. As soluções analíticas são verificadas através da análise de elementos finitos. A solução analítica mostra uma boa concordância com o resultado dos elementos finitos. Zhang et. al [79] desenvolveram uma solução analítica para determinar as tensões num recipiente de pressão cilíndrico compósito multicamadas, considerando a influência da extremidade fechada. O recipiente sob pressão está sujeito a uma carga combinada de pressão interna do fluido e de temperatura constante nas superfícies interior e exterior. A solução para o problema é obtida utilizando a teoria da termoelasticidade. A pressão de extrusão da interface na direção radial é introduzida para considerar a transferência de tensões entre duas camadas consecutivas. Propõe-se uma pseudopressão de extrusão na direção z, para além da pressão de extrusão da interface na direção radial, para considerar a transferência de tensões entre duas camadas consecutivas num recipiente sob pressão de camada dupla para determinar a distribuição de tensões axiais. Foi efectuada uma análise de EF para verificar os resultados obtidos pela solução analítica. Verificou-se que a solução analítica é capaz de fornecer uma boa aproximação ao resultado de EF. O método aqui proposto pode ser utilizado para o projeto de reservatórios de pressão compósitos multicamadas sujeitos a cargas termomecânicas. Para calcular a tensão de arco (σ_t) e a tensão radial (σ_r) num cilindro multicamadas, é introduzida uma pressão radial de interface p entre duas camadas consecutivas.

Para calcular a tensão axial no caso de um recipiente sob pressão multicamadas com extremidade fechada, é proposta uma pseudopressão de extrusão p_E na direção z, para além da pressão p na direção radial, a fim de considerar a transferência de tensões entre duas camadas consecutivas [76]. A tensão termomecânica num cilindro compósito de várias camadas sujeito à pressão interna do fluido e à carga térmica em estado estacionário é calculada por Q. Zhang et al. como[79] (fig. 3):

$$\sigma_{rk} = \frac{\alpha_k E_k}{1-\vartheta_k}\left[\frac{\int_{r_{k-1}}^{r_k} T_k(r) r dr}{r_{k-1}^2 - r_k^2}\left(\frac{r_{k-1}^2}{r^2} - 1\right) - \frac{1}{r^2}\int_{r_{k-1}}^{r} T_k(r) r\, dr\right] + \frac{p_k r_k^2 - p_{k=1} r_{k-1}^2}{r_{k-1}^2 - r_k^2} + \frac{r_{k-1}^2 r_k^2 (p_{k-1} - p_k)}{(r_{k-1}^2 - r_k^2) r^2}$$

$$\sigma_{tk} = \frac{\alpha_k E_k}{1-\vartheta_k}\left[-\frac{\int_{r_{k-1}}^{r_k} T_k(r) r dr}{r_{k-1}^2 - r_k^2}\left(\frac{r_{k-1}^2}{r^2} + 1\right) + \frac{1}{r^2}\int_{r_{k-1}}^{r} T_k(r) r\, dr - T_k(r)\right] + \frac{p_k r_k^2 - p_{k-1} r_{k-1}^2}{r_{k-1}^2 - r_k^2} - \frac{r_{k-1}^2 r_k^2 (p_{k-1} - p_k)}{(r_{k-1}^2 - r_k^2) r^2}$$

$$\sigma_{zk} = -\frac{\alpha_k E_k}{1-\vartheta_k}\left[\frac{2\int_{r_{k-1}}^{r_k} T_k(r) r dr}{r_{k-1}^2 - r_k^2} + T_k(r)\right] + \frac{p_{Ek} r_k^2 - p_{Ek-1} r_{k-1}^2}{r_{k-1}^2 - r_k^2} \tag{4.1}$$

Dois algoritmos recursivos são propostos pela primeira vez por Xiang et al [73] e Shi et al. para resolver a pressão de contacto na interface entre duas camadas consecutivas de um cilindro multicamadas submetido a uma pressão uniforme nas superfícies interior e exterior (fig. 5).

$$a_{i+1} = \frac{(S_i - T_i) a_i - (S_i - \gamma_i T_i) a_{i-1}}{(\alpha_{i+1} - \beta_{i+1})(\gamma_i - 1)}$$

$$b_{i+1} = \frac{(S_i - T_i) b_i - (S_i - \gamma_i T_i) b_{i-1}}{(\alpha_{i+1} - \beta_{i+1})(\gamma_i - 1)} \tag{4.2}$$

Knut Vedeld et. al.[76] propuseram um algoritmo recursivo nobel para calcular as tensões de contacto entre duas camadas consecutivas de um cilindro multicamadas submetido a uma pressão uniforme e a um campo térmico.

$$a_{i+1} = \frac{(S_i - T_i) a_i - (S_i - \gamma_i T_i) a_{i-1}}{(\alpha_{i+1} - \beta_{i+1})(\gamma_i - 1)}$$

$$b_{i+1} = \frac{(S_i - T_i)b_i - (S_i - \gamma_i T_i)b_{i-1}}{(\alpha_{i+1} - \beta_{i+1})(\gamma_i - 1)} + \frac{(1-\gamma_{i+1})(1-\gamma_i)(\mu_i\beta_i - \mu_{i+1}\beta_{i+1})}{q_0(1-\gamma_i)(\alpha_{i+1} - \beta_{i+1})}$$

(4.3)

São introduzidos os seguintes valores iniciais:

$a_0 = 0, a_1 = 1, b_0 = 1, b_1 = 0$

A pressão de contacto pode agora ser expressa como: $q_i = a_i q_1 + b_i q_0$

onde

$\alpha_i = -\frac{1+\vartheta_i}{E_i}, \beta_i = \frac{1-\vartheta_i}{E_i}$ para tensão plana

$= \frac{(1-2\vartheta_i)(1+\vartheta_i)}{E_i}$ para deformação plana

$s_i = (\alpha_i - \beta_{i+1})\gamma_{i+1}\gamma_i + (\alpha_{i+1} - \alpha_i)\gamma_i$

$T_i = (\alpha_{i+1} - \beta_i) + (\beta_i - \beta_{i+1})\gamma_{i+1}$

$\gamma_{i+1} = \frac{R_i^2}{R_{i+1}^2}$

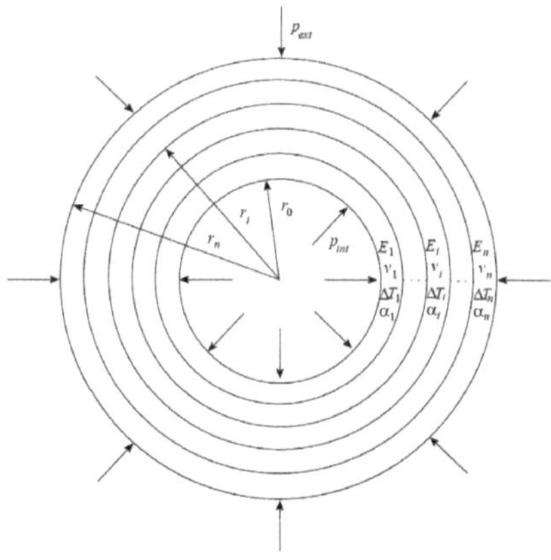

Fig 5: Cilindro multicamada com material variável[76]

4.2 Vaso de pressão em compósito reforçado com fibras

Os materiais compósitos são um dos materiais mais amplamente utilizados devido à sua adaptabilidade a diferentes situações e à relativa facilidade de combinação com outros materiais para servir objectivos específicos e exibir propriedades desejáveis [80]. Os materiais individuais não se dissolvem ou fundem completamente no compósito, mas actuam em conjunto como um só. Os componentes podem ser fisicamente identificados à medida que interagem uns com os outros. As propriedades do material compósito são superiores às propriedades dos materiais individuais a partir dos quais é construído. O material compósito reforçado com fibras é aquele em que um material fibroso é incorporado numa matriz de resina, geralmente laminado com fibras orientadas em direcções alternadas para conferir resistência e rigidez ao material [81]. As aplicações dos materiais compósitos incluem a indústria aeroespacial, aeronáutica, automóvel, marítima, energética, de infra-estruturas e biomédica. As propriedades de um material compósito dependem das propriedades dos constituintes, da sua geometria e da distribuição das fases [82]. Os materiais compósitos são amplamente utilizados no fabrico de recipientes sob pressão devido à sua elevada resistência à tensão ao longo das fibras. Mas os materiais compósitos têm uma rigidez reduzida em comparação com os metais. Assim, para satisfazer as restrições de resistência e rigidez, são atualmente utilizados materiais compósitos híbridos [83]. A utilização de material compósito conduz a uma poupança significativa de material. Por isso, os recipientes sob pressão em materiais compósitos são projectados para terem uma massa mínima sob restrições de resistência. Fukunage et al. [84] consideram o projeto ótimo de um reservatório de pressão de grafite-epóxi com restrições de resistência e rigidez utilizando o parâmetro de laminação. Mas o facto de as camadas helicoidais formarem as cúpulas do recipiente fabricado por enrolamento filamentar não foi considerado no artigo. Este facto é considerado por Krikanov AA e Soni SR [85] no seu artigo. Estes autores propuseram um algoritmo numérico para otimizar o projeto de um recipiente sob pressão com peso mínimo e restrições de rigidez e resistência. Alexis A. Krikanov [86] propôs um novo método para o projeto de recipientes sob pressão em compósito laminado com restrições de deformação e resistência. A representação gráfica dos resultados é desenvolvida para determinar as espessuras óptimas das camadas para determinadas orientações das fibras, sob restrições de rigidez e resistência. Existem dois métodos convencionais de supressão da deformação, tais como a adição de camadas suplementares e a utilização de um compósito com uma rigidez mais elevada. Neste documento, é sugerido um novo método de supressão de deformações, como a substituição da camada circunferencial por uma segunda camada helicoidal.

4.2.1 Análise térmica e termomecânica:

Hyer, M.W., e Cooper, D.E [87] apresentam uma solução de elasticidade linear para encontrar a resposta de tubos compósitos sujeitos a um gradiente de temperatura circunferencial da forma ΔT o + ΔT1 cos(θ). A temperatura não varia com a distância ao longo do tubo nem através da parede. Assumem-se propriedades materiais independentes da temperatura e utiliza-se uma abordagem de deslocamento. Os resultados são limitados a tubos com as fibras de cada camada orientadas axial ou circunferencialmente, os chamados tubos de camadas cruzadas. Demonstra-se que, tanto para tubos de camada única como de camadas múltiplas, uma constante caracteriza a flexão global do tubo e uma constante caracteriza a deformação axial global. Os resultados numéricos mostram que a orientação das fibras influencia fortemente as tensões num tubo de camada única. Quando as fibras estão alinhadas axialmente, todos os componentes de tensão no tubo são pequenos. Quando as fibras estão alinhadas circunferencialmente, a tensão do anel torna-se grande. Este facto deve-se à grande diferença entre os coeficientes de expansão térmica radial e circunferencial quando as fibras estão orientadas circunferencialmente. Além disso, para um tubo de camada única construído com um material sem expansão térmica na direção axial, a variação global do comprimento do tubo devido ao gradiente de temperatura será zero apenas se o material for transversalmente isotrópico. No entanto, mesmo que o material seja transversalmente isotrópico, o tubo continuará a registar uma flexão global.

Avery, W.B. e Herakovich [88] derivaram uma solução analítica para as tensões numa fibra ortotrópica rodeada por uma matriz isotrópica e sujeita a um campo de temperatura uniforme. A sua solução é baseada na abordagem termoelástica de cilindros sólidos. Hyer, M.W. e Rousseau [89] consideraram o efeito da variação uniforme da temperatura nas tensões, na expansão axial e na torção termicamente induzida para quatro modelos específicos de tubos de secção angular ((+Ø/-Ø/0_{40}/-Ø/+Ø); (+$Ø_2$/0_{40}/-$Ø_2$) (+$Ø_2$/-$Ø_2$/0_{40}); e (0_{40}/+$Ø_2$/-$Ø_2$)). Todos os tubos têm fibras fora do eixo para manter as camadas axiais juntas e para fornecer alguma medida de rigidez à torção e têm a mesma fração de volume de camadas fora do eixo. As tensões e as deformações nos tubos são estudadas em função das quatro concepções, do ângulo fora do eixo e em função da construção monomaterial (P75s/934) e híbrida (T300/934). São também calculadas as rigidezes torcional e axial dos tubos. Verifica-se que a conceção do tubo tem uma influência menor nas tensões, na rigidez axial e na expansão térmica axial. Estes são mais uma função do ângulo fora do eixo e da seleção do material. Por outro lado, devido à posição das camadas + Ø e - Ø, tanto em relação uma à outra como em relação ao centro do tubo, a conceção do tubo influencia efetivamente a torção induzida termicamente e a rigidez de torção. M. Xia et al.[90] examinaram as tensões e a deformação num tubo compósito composto por uma estrutura de filamentos enrolados em várias camadas sob pressão interna, utilizando a teoria da elasticidade anisotrópica tridimensional para três tipos de tubos com camadas angulares. . Cada camada é constituída por material anisotrópico. Verificou-se que as tensões e a deformação do tubo laminado dependem fortemente da sequência de empilhamento. A variação da distribuição de tensões ao longo da espessura da parede do tubo depende da espessura relativa da parede. Mas não consideraram o efeito do campo de temperatura nas tensões e na deformação da estrutura compósita. Este efeito é considerado por Xia M et al. no seu artigo. Xia M et al. [91] desenvolvem um método para analisar as tensões e deformações de um tubo em sanduíche enrolado em filamento, composto por material ortotrópico, sujeito a pressão interna e carga termomecânica com base na teoria clássica da placa laminada. O tubo sanduíche é criado usando material de resina para a camada central e materiais reforçados com uma camada alternada para as camadas de pele. Foi desenvolvido um programa de computador para efetuar análises de tensão e deformação do tubo sanduíche com diferentes ângulos de enrolamento. A conceção do ângulo de enrolamento ótimo pode ser obtida a partir da análise da rede, que depende da geometria e dos materiais de construção. Sob pressão interna, a tensão axial de um tubo com T300/934 muda de positiva para negativa em função do ângulo de enrolamento. Uma vez que a camada central com um elevado grau de rigidez intensifica a ligação entre as camadas interior e exterior, tanto a tensão do aro como a diferença de tensão entre as camadas interior e exterior diminuem com o aumento do módulo da camada central. Para a construção de tubos compósitos em sanduíche com baixa rigidez do núcleo, a influência do material do núcleo na resistência do tubo é bastante grande. Parnaso L, Katırcı N. [92] desenvolveram um procedimento analítico para projetar e prever o comportamento de vasos de pressão em compósito reforçado com fibras com base na teoria clássica da laminação e no modelo generalizado de deformação plana. São consideradas a pressão interna, a força axial e a força do corpo devido à rotação, para além da variação da temperatura e da humidade ao longo do corpo. São aplicadas algumas teorias de falha 3D para obter os valores óptimos para o ângulo de enrolamento, a pressão de rutura, a força axial máxima e a velocidade angular máxima do recipiente sob pressão. Estes parâmetros são também investigados tendo em conta os efeitos higrotérmicos. Onur Sayman [93] desenvolveu uma análise de tensões para um cilindro compósito de camadas finas e espessas sujeito a cargas higrotérmicas para casos de deformação plana, extremidades abertas e fechadas. As camadas são consideradas orientadas simétrica e anti-simetricamente para $[0/90]_2$, $[30/-30]_2$, $[45/-45]_2$ e $[60/-60]_2$ (fig. 6). Conclui-se que, para condições de deformação plana, a magnitude da componente axial da tensão é a mais elevada para a distribuição uniforme da temperatura, ao passo que, para a distribuição parabólica da temperatura, a componente tangencial e axial da tensão é compressiva na superfície interior e de tração na superfície exterior. São as mais elevadas na superfície interior. As propriedades higrotérmicas e outras propriedades mecânicas são medidas numa camada de compósito de vidro-epóxi. Observa-se que, para as condições de extremidade aberta e extremidade fechada, as componentes de tensão tangencial e axial são elevadas apenas nos casos de simetria transversal e antissimétrica, $[0/90]_{S,2}$sob a distribuição uniforme da temperatura, devido às diferentes propriedades mecânicas entre as camadas orientadas a 0° e 90°. No entanto, são elevados nas orientações para a distribuição parabólica da temperatura. Verifica-se também que a rotura não ocorre em todos os casos, porque os coeficientes de expansão térmica e higroscópica são pequenos para este tipo de compósitos de vidro-epóxi. As soluções analíticas são comparadas com as soluções de elementos finitos, em que é utilizado o software comercial ANSYS 7.0, e obtêm-se resultados próximos entre si. Os tubos compósitos fabricados por tecnologia de enrolamento filamentar têm um comportamento anisotrópico devido aos diferentes ângulos das camadas reforçadas. Os tubos compósitos podem ser expostos a cargas termo-mecânicas devido ao fluido quente que neles circula. H. Bakaiyan et al. [94] derivaram uma solução elástica exacta para as tensões térmicas e as deformações dos tubos sob pressão interna e um gradiente de temperatura com base na elasticidade anisotrópica tridimensional. Dadas as condições de convecção térmica, a variação do campo de temperatura no interior do tubo é obtida através da resolução da equação de condução na parede. A influência do campo de temperatura nas equações que regem a termoelasticidade foi considerada através de uma lei constitutiva. O acoplamento da extensão de cisalhamento também é considerado devido aos ângulos de disposição. As distribuições de tensões, tensões e deformações para diferentes modelos de tubos com camadas angulares são investigadas utilizando a presente teoria. M. Xia et al.[95] estudaram as tensões e deformações térmicas num tubo em sanduíche reforçado com fibras enroladas em filamento sujeito a pressão interna e a alterações de temperatura com base na teoria clássica da placa laminada de uma solução elástica. O tubo sanduíche é fabricado utilizando material resinoso para a camada central e materiais reforçados com uma lâmina alternada para as camadas de revestimento. Os tubos sanduíche são considerados tridimensionais, cilíndricos e ortotrópicos. Foi desenvolvido um programa de computador para efetuar análises de tensão e deformação de tubos sanduíche com diferentes ângulos de enrolamento.

Além disso, foi concebido um ângulo de enrolamento ótimo dos materiais reforçados com fibras enroladas em filamentos, utilizando uma análise de abordagem de rede. Kostas P. Soldatos, Jian-Qiao Ye [96] propuseram e aplicaram um método de aproximação sucessiva em ligação com a análise estática, dinâmica, termoelástica e de encurvadura de cilindros ocos homogéneos isotrópicos, ortotrópicos e laminados cruzados e painéis cilíndricos. R. Ansari et al. [97] efectuaram a análise de tensões de tubos compósitos de filamentos enrolados em várias camadas sujeitos a cargas cíclicas de pressão interna e temperatura, com base na elasticidade anisotrópica tridimensional. As distribuições de tensões, deformações e deformações dependentes do tempo são obtidas numericamente através da utilização da técnica das diferenças finitas. A pressão e a temperatura são consideradas simétricas em relação ao eixo do cilindro e independentes da coordenada axial. Cada camada dos tubos é feita de um material homogéneo, anisotrópico e linearmente elástico e assume-se que as propriedades do material não se alteram com o aumento da temperatura. O acoplamento de extensão de cisalhamento também é considerado devido aos ângulos de disposição. Os resultados numéricos obtidos a partir do presente modelo são comparados com outros resultados publicados, tendo-se verificado uma boa concordância.

Akcay, I. H. e Kaynak [98], I. efectuaram uma análise de rotura de estruturas de filamentos enrolados em várias camadas em cilindros compósitos orientados simétrica e anti-simetricamente para os casos de deformação plana e condição de extremidade fechada sujeitos a pressão interna e carga térmica uniforme. A análise da rotura é efectuada em diferentes orientações dos cilindros compósitos multicamadas. Verifica-se que a pressão de rotura é elevada a temperaturas mais elevadas para os casos de deformação plana. É praticamente a mesma para o caso de extremidade fechada.

H.M. Wang , C.B. Liu [99] efectuaram uma solução analítica para a condução de calor bidimensional em regime transiente num compósito cilíndrico multicamada reforçado com fibras. O campo de temperatura transiente é resolvido usando o método de separação de variáveis. Nas coordenadas polares, a solução analítica apresentada contém séries trigonométricas e séries de Bessel. Tanto a série de senos como a série de cossenos estão incluídas na série trigonométrica. Para lidar com as condições de continuidade nas interfaces, é utilizado o método do parâmetro inicial e a solução é obtida apenas através da operação de matrizes dois por dois. O procedimento de resolução é efectuado diretamente no domínio do tempo e a transformada de Laplace é evitada. O efeito do ângulo das fibras no comportamento transitório da condução de calor é investigado. Os comportamentos de condução de calor em regime transitório podem ser ajustados escolhendo diferentes sequências de empilhamento e ângulos das fibras.

LászlóP et al.[100] efectuaram análises de tensão de cilindros de compósitos de matriz orgânica reforçados com fibras sujeitos a cargas higrotérmicas e mecânicas. A parede do cilindro pode ser "fina" ou "espessa". Uma fibra individual deve manter-se à mesma distância radial do eixo; não são colocadas quaisquer outras restrições quanto à orientação das fibras ou à sequência de empilhamento. As cargas aplicadas podem variar radialmente e circunferencialmente, mas não axialmente. São apresentadas soluções que produzem deformações e tensões variáveis radialmente e circunferencialmente no interior de cilindros compósitos.

L.P Kollar [101] desenvolveu um método para determinar a distribuição de tensões e deformações no interior de cilindros compósitos reforçados com fibras sujeitos a cargas mecânicas e térmicas axialmente variáveis, com base numa solução de elasticidade tridimensional. Para validar o modelo e o código informático, os resultados obtidos pelo código foram comparados com resultados numéricos existentes. Em todos os casos, verificou-se uma boa concordância entre os resultados actuais e os anteriores.

Os recipientes de armazenagem de alta pressão são geralmente constituídos por material compósito de polímero reforçado com fibras de carbono (CFRP)[102-104]. Para prever o tempo de vida à fadiga dos recipientes de CFRP, os ensaios de fadiga hidrostática e/ou de rutura, que apenas produzem pressão interna pura nos recipientes, são amplamente utilizados [105]. Em muitas aplicações, os recipientes sob pressão são sujeitos a cargas cíclicas de alta pressão e temperatura do processo de carga e descarga de gás ou combustível. Quando o combustível é carregado no interior do recipiente, verifica-se um aumento acentuado da temperatura devido à libertação de calor resultante da combustão (carregamento). Durante a descarga, uma diminuição da pressão leva a uma diminuição da temperatura. Esta flutuação da temperatura e da pressão conduz à fadiga termomecânica no recipiente sob pressão [106-109].

Onder et al. [110] estudaram a pressão de rebentamento de recipientes sob pressão compósita enrolada em filamentos sob pressão interna pura alternada com base na teoria de Lekhnitskii. O estudo aborda as influências da temperatura e do ângulo de enrolamento nos recipientes sob pressão compósitos enrolados em filamentos. Foram utilizados o método dos elementos finitos e abordagens experimentais para verificar os ângulos de enrolamento óptimos.

Trabalhos experimentais sobre o comportamento de laminados CFRP mostram que a falha em recipientes ocorre mais facilmente em ciclos térmicos do que em processos de fadiga mecânica [111]. Son Lin et al.[112] investigam as propriedades termo-mecânicas de recipientes de CFRP enrolados em filamentos sob ensaios de fadiga hidráulica e atmosférica. O recipiente é sujeito a cargas cíclicas termo-mecânicas. O ensaio mostra que as propriedades mecânicas da matriz de resina do filamento enrolado e dos compósitos dependentes da composição variaram significativamente ao longo da gama de variação de temperatura, o que pode estimular mais danos no recipiente durante o ensaio de fadiga atmosférica do que durante o ensaio hidráulico caracterizado por emissão acústica.

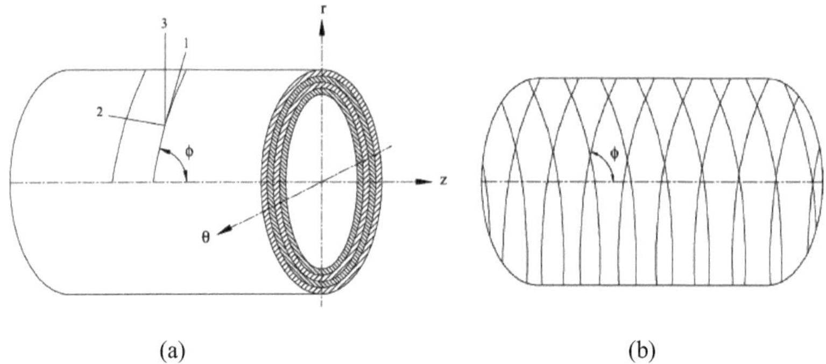

(a) (b)

Fig 6: Cilindro reforçado com fibras multicamadas (a) Recipiente sob pressão (b) [93]

5. Método dos elementos finitos:

O método da Análise por Elementos Finitos (AEF), originalmente introduzido por Turner et al. (1956), é uma técnica computacional poderosa para soluções aproximadas de uma variedade de problemas de engenharia do "mundo real" com domínios complexos sujeitos a condições de fronteira gerais [119]. O MEF tornou-se um passo essencial na conceção ou modelação de um fenómeno físico em várias disciplinas de engenharia, como a engenharia civil, a engenharia mecânica, a engenharia nuclear, a engenharia biomédica, a hidrodinâmica, a condução de calor, a geo-mecânica, etc. Em geral, o MEF é um método para dividir um problema muito complicado em pequenos elementos que podem ser resolvidos em relação uns aos outros. A análise de elementos finitos é utilizada para resolver problemas de engenharia com geometrias, cargas e propriedades dos materiais complicadas, em que a solução analítica não é possível. Em muitos casos, é utilizada para validar a solução analítica quando a solução experimental é difícil de obter. O método de análise de elementos finitos requer os seguintes passos principais [119] (fig. 7):

- Discretização do domínio num número finito de subdomínios (elementos).
- Seleção de funções de interpolação.
- Desenvolvimento da matriz de elementos para o subdomínio (elemento).
- Conjunto das matrizes de elementos de cada subdomínio para obter a matriz global de todo o domínio,
- Imposição das condições de fronteira.
- Solução de equações.
- Cálculos adicionais (se desejado).

A construção de soluções para problemas de engenharia utilizando a FEA requer o desenvolvimento de um programa de computador baseado na formulação da FEA ou a utilização de um programa de FEA de uso geral disponível comercialmente, como o ANSYS. O programa ANSYS é uma ferramenta de análise poderosa e polivalente que pode ser utilizada numa grande variedade de disciplinas de engenharia [121].

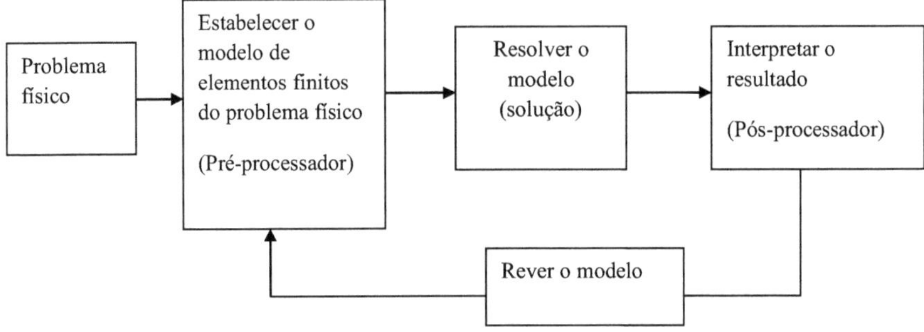

Fig 7: Processo de solução da FEA [120]

O método dos elementos finitos é amplamente utilizado na resolução de problemas relacionados com a análise térmica e termomecânica de recipientes sob pressão de cilindros espessos e de recipientes sob pressão compósitos multicamadas sujeitos a temperatura uniforme/transitória e a pressão interna/externa fixa ou variável do fluido. Foram publicados muitos trabalhos de investigação neste domínio em que a solução analítica é verificada por uma solução de elementos finitos utilizando um pacote comercial de análise de elementos finitos (por exemplo, Ansys, LSDYNA, COMSOL MultiPhysics, etc.) (fig. 8, 9)

Para validar a solução analítica, Q. Zhang et. al [79] desenvolveram um modelo de elementos finitos de um reservatório de pressão compósito com várias camadas, considerando a influência das extremidades fechadas e da carga térmica. Construíram um modelo de elementos finitos termomecânico de um recipiente sob pressão compósito de seis camadas, constituído por um corpo cilíndrico e duas extremidades fechadas hemisféricas (fig. 10). Devido à simetria do eixo, foi construído um quarto do modelo geométrico e foram aplicadas condições de fronteira simétricas na parte inferior do cilindro. O procedimento de solução foi adaptado da seguinte forma:

Em primeiro lugar, foi criado o modelo térmico e dada a condição de fronteira de temperatura, tendo sido calculada a distribuição de temperatura. Em segundo lugar, o tipo de elemento foi convertido do elemento térmico PLANE55 para o elemento mecânico PLANE182. São aplicadas condições de fronteira simétricas na parte inferior do cilindro. De seguida, determinam-se as duas tensões térmicas (σ_t, σ_r) são determinadas. Finalmente, a pressão interna do fluido foi imposta na camada interior do modelo de EF do recipiente sob pressão, e as duas tensões termomecânicas (σ_t, σ_r) foram determinadas.

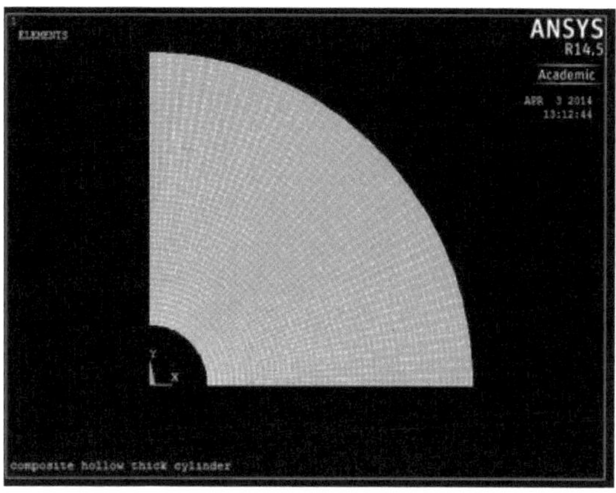

Fig 8: Modelo FEA de um reservatório de pressão de três camadas com extremidade aberta

Onur Sayman et. al [93] desenvolveram uma solução analítica para a análise de tensões em cilindros compósitos multicamadas espessos ou finos sujeitos a cargas higrotérmicas e as soluções analíticas são comparadas com as soluções de elementos finitos, em que é utilizado o software comercial ANSYS 7.0, obtendo-se resultados próximos. Knut Vedeld et. al [76] construiu um modelo tridimensional de elementos finitos de um cilindro multicamadas sujeito a pressão e carga térmica para verificar o resultado obtido a partir do modelo analítico. Da mesma forma, V. Radu et al. [67] compararam os resultados obtidos a partir da solução analítica com a análise de elementos finitos. Mutahir Ahmed et. al [113] efectuaram uma análise de elementos finitos do efeito da geometria num recipiente sob pressão sujeito a cargas estruturais e térmicas combinadas.

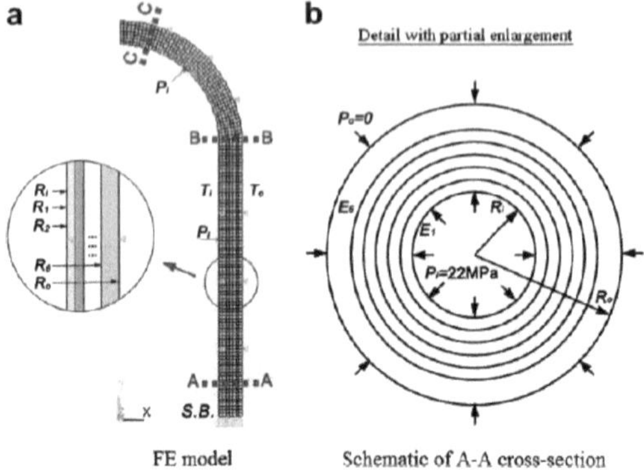

Fig 9: Modelo de EF de um reservatório de pressão de seis camadas com extremidade fechada [79]

6. Pontos importantes:

- A resposta termoelástica de cascas cilíndricas espessas sujeitas a cargas térmicas ou termo-mecânicas é importante para o projeto de muitas estruturas de engenharia.
- A conceção desta estrutura baseia-se na teoria da termo elasticidade.
- Os recipientes de pressão cilíndricos espessos feitos de material compósito híbrido reforçado com fibras de vidro, carbono ou orgânicas têm uma vasta aplicação na indústria devido à sua elevada resistência e rigidez específicas e oferecem uma poupança significativa de material.
- A tecnologia de enrolamento de filamentos melhora o desempenho dos recipientes sob pressão compósitos, aumentando a relação rigidez/peso.
- Um recipiente de pressão compósito de várias camadas é utilizado para satisfazer os requisitos de serviço em ambientes extremos sob alta temperatura, alta pressão de fluido e ambiente fortemente corrosivo, utilizando diferentes laminados de diferentes materiais.
- A utilização de software de elementos finitos para a análise do componente do recipiente sob pressão facilitou muito a conceção e o desenvolvimento do recipiente sob pressão.

- Muitos investigadores propuseram um algoritmo recursivo para calcular a tensão de contacto entre duas camadas consecutivas de um recipiente sob pressão com várias camadas.
- Este artigo analisa o trabalho de diferentes investigadores sobre a análise de tensões termoelásticas de um cilindro espesso de camada única, de um cilindro compósito laminado de várias camadas, de um cilindro espesso compósito reforçado com fibras e de um cilindro espesso compósito enrolado com filamentos sujeito a cargas mecânicas, térmicas e termo-mecânicas.
- Do seu trabalho pode concluir-se que as propriedades do material e a temperatura têm um efeito significativo na distribuição da tensão.
- A tensão radial é compressiva na superfície interior e nula na superfície exterior devido à carga mecânica e nula tanto na superfície interior como na superfície exterior devido à carga térmica.
- Nos recipientes sob pressão multicamadas, há uma alteração gradual na distribuição das tensões radiais e de arco na interface de cada camada devido à alteração das propriedades do material e do coeficiente de expansão linear em cada camada.

Referências:

1. John F. Harvey, Theory and design of pressure vessel, VNR company, Newyork, 1980.
2. Donatello Annaratone, Pressure Vessel Design, Springer-Verlag Berlin Heidelberg, 2007.
3. Ungar, E.W., Bert, C.W e Niedenfuhr, F.W Thermoelastic modeling for design. Documento ASME 64- MD-5, 1964.
4. Hata, T. e Atsumi, A. Problema termoelástico transitório para um cilindro oco anisotrópico transversal com propriedades dependentes da temperatura. Bull. Japan Soc. Mech Engrs. 11, 404-411, 1968.
5. Timoshenko e Goodier. Theory of Elasticity 3rd edu. McGraw-Hill, Nova Iorque, 1970.Verfahrenstechnik 8, 109-12 (1974).
6. H. Vollbrecht, Stress in cylindrical and spherical walls subjected to internal pressure and stationary heat flow. Verfahrenstechnik 8, 109-12 (1974).
7. Kandil, Investigação da análise de tensões em cilindros compostos sob alta pressão e temperatura, Tese de Mestrado, CIT Helwan (1975).

8. Kalam, M.A. e Tauchert, T.R. Tensões num cilindro elástico ortotrópico devido a uma distribuição plana de temperatura. Journal of Thermal stresses. 1, 13-24, 1978.
9. R. N. Sinha, Thermal stress analysis of a hollow thick cylinder by the finite element method (Análise das tensões térmicas de um cilindro oco e espesso pelo método dos elementos finitos). J. Inst. En#. (Índia) Mech. Eng. Division 59, 131-3 (1978).
10. S. T. Stasynk, V. I. Gromovyk e A. L. Bichuya, Análise da tensão térmica do cilindro oco com dependência da temperatura. Aead. of Sciences of the Ukrainian SSR, LVOV. USSR, Vol. 11, No. 1, PP. 41-43, Jan. 1979, Traduzido em" Strength of material, vol. 11, No. 1, PP. 50-52, Set. 1979.
11. Y. Takeuti e T. Furukawa. Some Considerations on Thermal Shock Problems in a Plate (Algumas considerações sobre problemas de choque térmico numa placa). J. Appl. Mech. 48(1), 113-118 (01 de março de 1981)
12. H. Ghosn e M. Sabbaghian, "Quasi-Static Coupled Problems of Thermoelasticity for Cylindrical Regions," Journal of Thermal Stresses, vol. 5, pp. 299-313, 1982.
13. P.Y.P. Chen, Axisymmetric thermal stresses in anisotropic finite hollow cylinder, J. Therm. Stresses 6 (6) 197-205, 1983.
14. Noda, N. Tensões térmicas em materiais com propriedades dependentes da temperatura. Thermal stresses I (Vol-I) Ed. Hetnarski, Holanda do Norte, Amerstadam, 392-483.
15. S. A. R. Naga, Condições óptimas de trabalho em cilindros de paredes espessas, d. Eng. Mater. Technol, Trans. ASME.108, 374-6 (1986).
16. Blandford, G.E., Tauchert, T.R. and Leigh, D.C. effect of internal pressure on thermo elastic stresses in a single layered vessels. Em Advances in Micromechanics of composite Material vessels and components (Avanços na micromecânica de vasos e componentes de materiais compostos). Eds. Hui, D. e Kozik, T.G. (pvp-vol.-146).ASME. Nova Iorque, 129-136, 1988.
17. Ting TCT. Pressão, cisalhamento, torção e extensão de um tubo circular ou barra de material cilíndrico anisotrópico. Actas da Sociedade Real de Londres. Série A: Ciências Matemáticas, Físicas e de Engenharia 1996;452: 2397e421, 1996
18. Ting TCT. Novas soluções para a pressão, cisalhamento, torção e extensão de um tubo ou barra circular elástica anisotrópica cilíndrica. Actas da Sociedade Real de Londres. Série A: Ciências Matemáticas, Físicas e de Engenharia, 1999;455:3527e42, 1999.

19. J. H. Prevost e D. Tao, "Finite Element Analysis of Dynamic Coupled Thermoelasticity Problems with Relaxation Time," J. Appl. Mech., ASME vol. 50, pp.817-822, 1983.
20. H.T. Chen, "Application of Hybrid Numerical Method to Transient Heat Conduction Problem," Tese de Doutoramento, Universidade Nacional Cheng Kung, Taiwan, 1987.
21. Kardomateas, G.A. Tensões térmicas transitórias em tubos compósitos ortotrópicos cilíndricos. J.Appl.mech 56, 411-417, 1989.
22. G.A. Kardomateas, The initial phase of transient thermal stresses due to general boundary thermal loads in orthotropic hollow cylinders, ASME J. Appl. Mech. 57 (1990) 719-724, 1990.
23. T. M. Chen, "Application of Laplace Transform and Finite Elements Method to Transient Heat Conduction Problem," Tese de Doutoramento, NCKU, Taiwan, 1991.
24. N. Wu, B. J. Rauch e P. G. Kessel, "Perturbation Solution to the Response of Orthotropic Cylindrical Shells Using the Generalized Theory of Thermoelasticity," Journal of Thermal Stresses, vol.14, pp. 465-477, 1991
25. T. Goshima, K.Miyao, Tensão térmica transitória num cilindro oco sujeito a aquecimento por raios c e perdas de calor por convecção, Nucl. Eng.Des. 125 (1991) 267-273.
26. A. Kandil, A. A. El-Kady e A. El-Kafrawy," Transient thermal stress analysis of thick-walled cylinders", Int. J. Mech. Sci. vol. 37, No. 7, pp. 721-732, 1995.
27. X. Wang, Choque térmico num cilindro oco causado por um aquecimento arbitrário rápido, J. Sound Vib. 183 (5) (1995) 899-906.
28. S. Sen, B. Aksakal, A. Ozel, Transient and residual thermal stresses in quenched cylindrical bodies, Int. J. Mech. Sci. 42 (2000) 2013- 2029.
29. A.E. Segall, Thermoelastic analysis of thick-walled vessels subjected to transient thermal loading, ASME J. Press. Vess. Technol. 123 (2001) 146-149.
30. A.R. Shahani, S.M. Nabavi, Análise do problema da termoelasticidade em cilindros de paredes espessas, em: Proceedings of the 10th Annual (International) Mechanical Engineering Conference, vol. 4, maio de 2002, Teerão, Irão, pp. 2056-2062 (em persa).
31. K.C. Yee, T.J. Moon, Plane thermal stress analysis of an orthotropic cylinder subjected to an arbitrary, transient, asymmetric temperature distribution, ASME J. Appl. Mech. 69 (2002) 632-640.

32. A.R. Shahani, S.M. Nabavi, Análise do problema da termoelasticidade em cilindros de paredes espessas, em: Proceedings of the 10th Annual (International) Mechanical Engineering Conference, vol. 4, maio de 2002, Teerão, Irão, pp. 2056-2062 (em persa).
33. A.E. Segall, Transient analysis of thick-walled piping under polynomial thermal loading, Nucl. Eng. Des. 226 (2003) 183-191.
34. A.R. Shahani, S.M. Nabavi, Analytical solution of the quasi-static thermoelasticity problem in a pressurized thick-walled cylinder subjected to transient thermal loading Applied Mathematical Modelling 31 (2007) 1807-1818.
35. J. Ying, H.M. Wang, Axisymmetric thermoelastic analysis in a finite hollow cylinder due to nonuniform thermal shockOriginal Research Article International Journal of Pressure Vessels and Piping, Volume 87, Issue 12, December 2010, Pages 714-720.
36. Ashraf M. Zenkour, Ibrahim A. Abbas, Um problema de termoelasticidade generalizada de um cilindro anular com densidade dependente da temperatura e propriedades do material. Artigo de Pesquisa Original, Revista Internacional de Ciências Mecânicas, Volume 84, julho de 2014, Páginas 54-60
37. Yujia Sun, Xiaobing Zhang , Heat transfer analysis of a circular pipe heated internally with a cyclic moving heat sourceOriginal Research Article, International Journal of Thermal Sciences, Volume 90, April 2015, Pages 279-289.
38. N. Wu, B. J. Rauch e P. G. Kessel, "Perturbation Solution to the Response of Orthotropic Cylindrical Shells Using the Generalized Theory of Thermoelasticity," Journal of Thermal Stresses, vol.14, pp. 465-477, 1991.
39. H. Wong, O. Simionescu An analytical solution of thermoplastic thick-walled tube subject to internal heating and variable pressure, taking into account corner flow and nonzero initial stress, Artigo de Investigação Original, International Journal of Engineering Science, Volume 34, Número 11, setembro de 1996, Páginas 1259-1269.
40. M. Shariyat , A nonlinear Hermitian transfinite element method for transient behavior analysis of hollow functionally graded cylinders with temperature-dependent materials under thermo-mechanical loadsOriginal Research Article, International Journal of Pressure Vessels and Piping, Volume 86, Issue 4, April 2009, Pages 280-289.
41. V. Chaudhry, A. Kumar, S.M. Ingole, A.K. Balasubramanian e U.C. Muktibodh, Análise Termo-Mecânica Transiente do Vaso de Pressão do Reator, Procedia

Engineering 86 (2014) 809 - 817, 1ª Conferência Internacional sobre Integridade Estrutural, ICONS-2014.

42. Libiao Xin, Guansuo Dui, Shengyou Yang, Soluções para o comportamento de um tubo de parede espessa funcionalmente graduado sujeito a cargas mecânicas e térmicasArtigo de pesquisa original. International Journal of Mechanical Sciences, In Press, Manuscrito Aceite, Disponível online em 2 de abril de 2015.
43. Zu L, Koussios S, Beukers A. Otimização da forma de vasos de pressão articulados com enrolamento de filamentos com base em trajectórias não geodésicas. Composite Structures 2010;92:339e46.
44. Zheng CX. Vaso de pressão composto. Beijing: Chemical Industry Press; 2006 [Em chinês].
45. Timoshenko e Goodier , "Theory of elasticity", publicação TMH, Nova Iorque, 1951.
46. Ambartsumian, S.A. General Theory of Anisotropic Shells. Nauka Publishers, Moscovo (em russo) - livro.
47. P. G. Pimshtein e V. N. Zhukova, "Cálculo das tensões num cilindro laminado tendo em conta as especificidades do contacto entre camadas", Probl. Prochn., No. 5, 71-77 (1977).
48. Suhir, E. Stress in dual coated optical fibre (Tensões em fibras ópticas com duplo revestimento). J. Appl. Mech. 55. 822-830, 1988.
49. H. H. Sherief e M. N. Anwar, "A Problem in Generalized Thermoelasticity for an Infinitely Long Annular Cylinder Composed of Two Different Materials," Journal of Thermal Stresses, vol. 12, pp. 529-543, 1989
50. Suhir, E. e Sullivan, T.M. Análise das tensões térmicas interfaciais e da resistência adesiva de um cilindro bi-anular. Int. J. Solid Structures, 1989.
51. Bert, CW Comunicação privada, 1990.
52. Victor Birman . Thermoelastic problems of multilayered cylinders, IEEE, CH2798-7/90/0000-0033, 1990.
53. Tarn JQ, Wang YM. Tubos compósitos laminados sob extensão, torção, flexão, cisalhamento e pressão: uma abordagem de espaço de estado. International Journal of Solids and Structures 2001;38:9053e75.
54. Chen X, Liu Y. Análise da tensão térmica de películas finas e revestimentos multicamadas através de um método avançado de elementos de fronteira. Computer Modeling in Engineering and Sciences 2001;2:337e49.

55. Hsueh CH. Tensões térmicas em sistemas multicamadas elásticas. Thin Solid Films 2002;418:182e8.
56. S.M.Hu, J. Appl.Phys. 70 (1991) R53.
57. R.O.E. Vijgen, J.H. Dautzenberg, Thin Solid Films, 270 (1995) 264.
58. M.D.T ran, J.Poublan, J.H.Dautzenber g, Thin Solid Films, 308-309 (1997) 310.
59. Zong-Yi Lee, Hybrid numerical method applied to 3-D multilayered hollow cylinder with periodic loading conditions, Volume 166, Issue 1, 6 July 2005, Pages 95-117.
60. Y. Yang e C. Chen, "Thermoelastic Transient Response of an Infinitely Long Annular Cylinder Composed of Two Different Materials," J. Eng. Sci., vol. 24, pp. 569-581, 1986.
61. K.C Jane e Z.Y. Lee, "Thermo elastic Transient response of an infinitely long annular multilayered cylinder", Mechanics Research Communications. Vol. 26, No. 6. pp. 709-718. 1999
62. S. Marie, Analytical expression of the thermal stresses in a vessel or pipe with cladding submitted to any thermal transient, Int. J.Press. Vess. Pip. 81 (2004) 303-312.
63. F. Jacquemin, A.Vautrin, Analytical Calculation of the Transient Thermoelastic Stresses in Thick Walled Composite Pipes, Journal of Composite Materials October 2004 vol. 38 no. 19 1733-1751.
64. Golamali atefi, Mohammad Ali Abdous, Abdolsaeid Ganjehkaviri, Solução Analítica do Campo de Temperatura em Cilindro Oco sob Condição de Limite Dependente do Tempo Usando séries de Fourier, American J. of Engineering and Applied Sciences 1 (2): 141-148, 2008
65. Ding HJ, Wang HM, Chen WQ. Uma solução de um sistema ortotrópico não homogéneo
casca cilíndrica para problemas termoelásticos dinâmicos de deformação plana axissimétricos. J Sound Vib 2003;263(4):815e29.
66. Wang HM, Ding HJ. Solução termoelástica transitória de um cilindro oco ortotrópico multicamadas para problemas axissimétricos. J Therm Stresses 2004;27(12):1169e85.
67. V. Radu , N. Taylor , E. Paffumi, Development of new analytical solutions for elastic thermal stress components in a hollow cylinder under sinusoidal transient thermal loading, International Journal of Pressure Vessels and Piping 85 (2008) 885-893.

68. Pimshtein, P. G., Zhukova, V. N. (1972) Stresses in a Laminated Cylinder under the Action of Pressure and Internal Heating. Resumos de Relatórios para a Décima Segunda Conferência Científica sobre Tensões Térmicas em Elementos Estruturais. Naukova Dumka, Kievpp. 77
69. Pimshtein, P. G., Zhukova, V. N. (1977) Cálculo das tensões num cilindro laminado tendo em conta as especificidades do contacto entre camadas. Probl. Prochn. 5: pp. 71-77
70. Pimshtein, P. G., Zhukova, Thermally stress state of a laminated cylinder exposed to internal pressure and steady-state external heating, International applied mechanics, August 1989, Volume 25, Issue 8, pp 808-813
71. Xia M, Takayanagi H, Kemmochi K. Análise do carregamento transversal de tubos cilíndricos laminados. Compos Struct 2001;53:279-85.
72. Verijenko VE, Adali S, Tabakov PY. Distribuição de tensões em vasos de pressão laminados espessos continuamente heterogéneos. Composite Structures 2001; 54:371e7.
73. Xiang Hongjun, Shi Zhifei , Zhang Taotao, Elastic analyses of heterogeneous hollow cylinders, Mechanics Research Communications 33 (2006) 681-691.
74. Zong-Yi Lee, Generalized coupled transient thermo elastic problem of multilayered hollow cylinder with hybrid boundary conditions, International Communications in Heat and Mass Transfer 33 (2006) 518-528.
75. Ş. Aksoy, A. Kurşun, E. Çetin, M. R. Haboğlu, Análise de tensão de cilindros laminados sujeitos a cargas termomecânicas, Academia Mundial de Ciência, Engenharia e Tecnologia Jornal Internacional de Engenharia Mecânica, Aeroespacial, Industrial e Mecatrônica Vol: 8 No: 2, 2014.
76. Knut Vedeld, Håvar A. Sollund, Stresses in heated pressurized multi-layer cylinders in generalized plane strain conditions, International Journal of Pressure Vessels and Piping 120-121 (2014) 27-35.
77. A. Nayebi, R. El Abdi, Cyclic plastic and creep behaviour of pressure vessels under thermomechanical loadingOriginal Research Article, Computational Materials Science, Volume 25, Issue 3, November 2002, Pages 285-296.
78. Shi Z, Zhang T, Xiang H. Soluções exactas de cilindros ocos elásticos heterogéneos. Composite Structures 2007;79:140e7.

79. Q. Zhang , Z.W. Wang , C.Y. Tang , D.P. Hu , P.Q. Liu , L.Z. Xia ,Solução analítica das tensões termomecânicas num recipiente sob pressão compósito multicamadas considerando a influência das extremidades fechadas International Journal of Pressure Vessels and Piping 98 (2012) 102e110.
80. "Aplicações de Engenharia de Materiais Compósitos", aula NPTEL, Módulo-11.
81. https://www.faa.gov/regulations_policies/handbooks_manuals/aircraft/amt_airframe_handbook/media/ama_Ch07.pdf
82. Issac M. Daniel Ori Ishai, Engineering Mechanics of Composite Material, Oxford Press, segunda edição, reimpressão 2013.
83. Stephen Whitaker, Fundamental Principles of Heat Transfer, Robert E. Krieger Publishing Company, 1983.
84. Fukunaga H, Chou TW. Técnicas de projeto simplificadas para recipientes de pressão cilíndricos laminados sob restrições de rigidez e resistência. J Composite Mater 1988;22:1156-69.
85. Krikanov AA, Soni SR. Projeto de peso mínimo de um recipiente sob pressão com restrições de rigidez e resistência. In: Actas da 10ª Conferência Técnica ASC sobre Materiais Compósitos, Santa Monica, CA, 1995:107-13.
86. Alexis A. Krikanov, Composite pressure vessels with higher stiffness, Composite Structures 48 (2000) 119-127.
87. Hyer, M.W., e Cooper, D.E. Stress and deformation in composite tubes due to a circumferential temperature gradient (Tensões e deformações em tubos compósitos devido a um gradiente de temperatura circunferencial).
88. Avery, W.B. e Herakovich, C.T. Effect of fiber anisotropy on thermal stresses in fibrous composites (Efeito da anisotropia da fibra nas tensões térmicas em compósitos fibrosos). J. Appl. Mech. 53, 751-756.
89. Hyer, M.W. e Rousseau, C.Q. Tensões e deformações induzidas termicamente em tubos compósitos de camadas angulares. Journal of composite Materials. 21, 454-480.
90. Xia M, Takayanagi H, Kemmochi K. Análise de tubos compósitos de filamentos enrolados em várias camadas sob pressão interna. Composite Structure 2001; 53:483-91.

91. Xia M, Kemmochi K, Takayanagi H. Análise de tubos sanduíche reforçados com fibras enroladas em filamentos sob pressão interna combinada e carga termomecânica. Compos Struct 2001;51:273-83.
92. Parnaso L, Katırcı N. Conceção de recipientes sob pressão em materiais compósitos reforçados com fibras sob várias condições de carga. Compos Struct 2002;58: 83-95.
93. Onur Sayman, Analysis of multi-layered composite cylinders under hygrothermal loading, Composites: Part A 36 (2005) 923-933.
94. H. Bakaiyan, H. Hosseini, E. Ameri, Analysis of multi-layered filament-wound composite pipes under combined internal pressure and thermo mechanical loading with thermal variations, Artigo de Investigação Original, Composite Structures, Volume 88, Número 4, maio de 2009, Páginas 532-541
95. M. Xia, K. Kemmochi, H. Takayanagi, Analysis of filament-wound fiber-reinforced sandwich pipe under combined internal pressure and thermomechanical loadingOriginal Research Article, Composite Structures, Volume 51, Número 3, março de 2001, Páginas 273-283.
96. Kostas P. Soldatos, Jian-Qiao Ye, Three-dimensional static, dynamic, thermoelastic and buckling analysis of homogeneous and laminated composite cylinders, Artigo de Investigação Original, Composite Structures, Volume 29, Issue 2, 1994, Pages 131-143.
97. R. Ansari, F. Alisafaei, P. Ghaedi, Dynamic analysis of multi-layered filament-wound composite pipes subjected to cyclic internal pressure and cyclic temperature, Artigo de Investigação Original, Composite Structures, Volume 92, Número 5, abril de 2010, Páginas 1100-1109.
98. Akcay, I. H. e Kaynak, I., Analysis of Multilayered Composite Cylinders under Thermal Loading, Journal of Reinforced Plastics and Composites, 24, 2005, pp.1169-1179.
99. H.M. Wang a, C.B. Liu, Solução analítica da condução de calor bidimensional transiente em compósitos cilíndricos reforçados com fibras, International Journal of Thermal Sciences 69 (2013) 43e52.
100. LászlóP. Kollár, Jocelyn M. Patterson, George S. Springer, Composite cylinders subjected to hygrothermal and mechanical loads, International Journal of Solids and Structures, Volume 29, Issue 12, 1992, Pages 1519-1534.
101. L.P. Kollár, Three-dimensional analysis of composite cylinders under axially varying hygrothermal and mechanical loads, Computers & Structures, Volume 50, Issue 4, 17 de fevereiro de 1994, Pages 525-540.

102. Hwang TK, Hong CS, Kim CG. Probabilistic deformation and strength prediction for a filament wound pressure vessel. Composites: Parte B 2003;34(5):481-97.

103. Cohen D, Mantell SC, Zhao L. The effect of fiber volume fraction on filament wound composite pressure vessel strength (O efeito da fração de volume da fibra na resistência do recipiente sob pressão do compósito enrolado em filamento). Composites: Part B 2001;32(5):413-29.

104. Camara S, Bunsell AR, Thionnet A, Allen DH. Determinação das probabilidades de vida útil das placas compósitas de fibra de carbono e dos recipientes sob pressão para armazenamento de hidrogénio. Hydrogen Energy 2001;36:6031-8.

105. Ansari R, Alisafaei F, Ghaedi P. Análise dinâmica de um enrolamento filamentar multicamadas

Tubos compósitos sujeitos a pressão interna cíclica e temperatura cíclica. Compos Struct 2010;92:1100-9.

106. Zheng J, Liu XX, Xu P, Liu PF, Zhao YZ, Yang J. Desenvolvimento de tecnologias de armazenamento de hidrogénio gasoso a alta pressão. Hydrogen Energy 2011;37:1-10.

107. Monde M, Woodfield P, Takano T, Kosaka M. Estimativa da mudança de temperatura em tanques de pressão de hidrogénio práticos enchidos a altas pressões de 35 e 70 MPa. Hydrogen Energy 2012;37(7):5723-34.

108. Gentilleau B, Bertin M, Touchard F, Grandidier JC. Análise de tensões em amostras feitas de polímero/compósito multicamada utilizado para aplicação de armazenamento de hidrogénio: comparação com resultados experimentais. Compos Struct 2011;93:2760-7.

109. Youa L, Longb S. Effects of material properties of interfacial layer on stresses in fibrous composites subjected to thermal loading (Efeitos das propriedades materiais da camada interfacial nas tensões em compósitos fibrosos sujeitos a cargas térmicas). Composites: Parte A, 1998; 29:1185-92.

110. Onder A, Sayman O, Dogan T, Tarakcioglu N. Burst failure load of composite pressure vessels (Carga de rutura de vasos de pressão compósitos). Compos Struct 2009;89(1):159-66.

111. Henaff GC, Lafarie MC. Especificidade do desenvolvimento de fissuras na matriz em laminados CFRP sob cargas mecânicas ou térmicas. Fadiga 2002;24(2- 4):171-7.

112. Song Lin, Xiaolong Jia, Hongjie Sun, Hongwei Sun, David Hui, Xiaoping Yang, Propriedades termo-mecânicas do vaso de CFRP enrolado em filamentos sob ciclos de fadiga hidráulica e atmosférica Composites: Parte B 46 (2013) 227-233

113. Mutahir Ahmed, Rafi Ullah Khan, Saeed Badshah, Sakhi Jan, Investigação de elementos finitos do efeito da geometria no vaso de pressão sob cargas estruturais e térmicas combinadas, International Journal of Engineering and Advanced Technology (IJEAT) ISSN: 2249 - 8958, Volume-4 Issue-2, dezembro de 2014.

114. Ozisik, Heat conduction, segunda edição, Wiley & sons Inc., Newyork, 1993.

115. Yingwei Yun, Il-Young Jang e Liqiang Tang, Distribuição da tensão térmica num cilindro de parede espessa sob choque térmico, J. Pressure Vessel Technol. 131(2), 021212 (Jan 22, 2009)

116. Valery V. Vasiliev, Composite Pressure Vessels, Bull Ridge Publishing, 2009.

117. Ronald F. Gibson, Principles Of Composite Material Mechanics, McGraw-Hill, Inc., 1994.

118. Somnath Chattopadhya, Pressure vessel Design and Practice, CRC Press.

119. Erdogan Madenci Ibrahim Guven, The Finite Element Method and Applications in engineering using Ansys, Springer, 2009.

120. Bathe, Finite element procedures for solid and structures- Linear Analysis, curso do MIT Vedeo.

121. K.L Lawrence, Ansys Tutorial, SDC Publication.

122. Jiann-Quo-Tarn, Solução exacta para um cilindro anisotrópico funcionalmente graduado sujeito a cargas térmicas e mecânicas, revista internacional de sólidos e estruturas, 38, 2001,8189-8206.

123. Suneet Singh , Prashant K. Jain, Rizwan-uddin, Analytical solution to transient heat conduction in polar coordinates with multiple layers in radial direction, International Journal of Thermal Sciences 47 (2008) 261-273.

124. Somnath Chattopadhya, Pressure vessel Design and Practice, CRC Press.

125. John F. Harvey, Theory and design of pressure vessel, VNR company, Newyork, 1980.

126. Donatello Annaratone, Pressure Vessel Design, Springer-Verlag Berlin Heidelberg, 2007.

Capítulo 2

Análise de tensões termo-mecânicas em estado estacionário e transiente em vaso de pressão cilíndrico oco e espesso por meio de software de elementos finitos.

❑ Formulação do problema:

A. Análise do estado estacionário

Neste problema, foi utilizada a ferramenta de elementos finitos para determinar as tensões termomecânicas em estado estacionário de um recipiente de pressão de um cilindro com extremidade aberta sujeito a:

Caso-1: apenas pressão interna

Caso 2: pressão interna e carga térmica centrífuga.

Caso 3: pressão interna e carga térmica centrípeta.

Caso 4: apenas pressão interna e externa.

Caso 5: pressão interna e externa e carga térmica centrífuga.

Caso 6: pressão interna e externa e carga térmica centrípeta.

Considere-se um recipiente de pressão cilíndrico, oco, de camada única e de comprimento infinito. O cilindro é feito de um material isotrópico homogéneo (aço estrutural) e tem um comprimento suficiente na direção axial para que a condição de deformação plana seja satisfeita. Este problema lida com o problema termoelástico unidimensional acoplado, ou seja, o recipiente cilíndrico está sujeito à pressão interna e externa do fluido e à carga térmica em estado estacionário. Foram considerados seis casos neste problema e a tensão circunferencial foi determinada e analisada para todos os casos utilizando a abordagem de elementos finitos.

O diâmetro interior do cilindro é de 500 mm e a espessura da camada é de 100 mm. O recipiente foi projetado para uma pressão interna de fluido de 22 MPa (17 bar) e uma pressão externa de 10 MPa e uma temperatura interna de 200 °C. A temperatura externa era de 190 °C. As propriedades do material foram tabuladas na tabela 1 [choudhury et al.]

Quadro 1A: Propriedades dos materiais do aço estrutural (1025)

Número de série	Propriedades	Valor
1	Módulo de Youngs, E	207e9 Pa
2	Coeficiente de Poisson, μ	0.33
3	Coeficiente de dilatação térmica, α	11e-6 /K
4	Condutividade térmica, K	17 W /m/ K
5	Densidade	7,8 kg/m^3
6	Calor específico	0,48 J/kg K

Pressupostos generalizados

Neste problema, os seguintes pressupostos são tidos em consideração durante a análise:

1. Assume-se que as extremidades dos cilindros não estão sujeitas a restrições.
2. O material de cada camada é considerado homogéneo.
3. A deformação e a tensão satisfazem a lei de Hooke e a teoria das pequenas deformações.
4. A deformação longitudinal desenvolvida como resultado da tensão é uniforme e constante, ou seja, deformação plana com $\varepsilon_Z = 0$.
5. Não existe qualquer fonte de geração de calor na espessura do cilindro.
6. A superfície exterior do cilindro está exposta a condições ambientais suficientemente grandes para que se possa assumir que a sua temperatura permanece constante. Por conseguinte, o valor médio do coeficiente de transferência de calor por convecção é utilizado na análise.
7. Assume-se que a condutividade térmica do material do cilindro, o coeficiente de expansão linear, o módulo de elasticidade e o coeficiente de Poisson são independentes da temperatura.

- **Método semi-analítico:**

Equações constitutivas

Para calcular as tensões devidas ao fluxo de calor e à pressão interna, são utilizadas as seguintes equações de equilíbrio:

$$\frac{d\sigma_r}{dr} + \frac{\sigma_t - \sigma_r}{r} = 0 \quad (1)$$

E a equação do deslocamento da deformação é a seguinte

$$\varepsilon_r = \frac{du}{dr}\ ,\ \varepsilon_t = \frac{u}{r}\ ,\ \varepsilon_z = 0$$

(2)

As tensões no recipiente cilíndrico sob pressão para todos os casos podem ser escritas como

Caso-1:

$$\sigma_t = \frac{p}{a^2-1}\left(1+\frac{r_e^2}{r^2}\right)$$

(3)

Caso 2 e 3:

$$\sigma_t = \frac{p}{a^2-1}\left(1+\frac{r_e^2}{r^2}\right) + \frac{E\alpha\Delta t}{2(1-\mu)}\left[\frac{a^2+\left(\frac{r_e}{r}\right)^2}{a^2-1} - \frac{1+log_e^{\frac{r}{r_i}}}{log_e^a}\right]$$

(4)

Considerando que $\Delta t = t_e - t_i$

Se Δt for positivo, então o fluxo térmico é centrípeto, ou seja, o caso 3, e se for negativo, o fluxo térmico é negativo, então considera-se o caso 2.

Caso 4:

$$\sigma_t = \frac{p}{a^2-1}\left(1+\frac{r_e^2}{r^2}\right) - p\frac{a^2}{a^2-1}\left(1+\frac{r_i^2}{r^2}\right)$$

(5)

Casos 5 e 6:

$$\sigma_t = \frac{p}{a^2-1}\left(1+\frac{r_e^2}{r^2}\right) - p\frac{a^2}{a^2-1}\left(1+\frac{r_i^2}{r^2}\right)\frac{E\alpha\Delta t}{2(1-\mu)}\left[\frac{a^2+\left(\frac{r_e}{r}\right)^2}{a^2-1} - \frac{1+log_e^{\frac{r}{r_i}}}{log_e^a}\right]$$

(6)

Considerando que $\Delta t = t_e - t_i$

Se Δt for positivo, o fluxo térmico é centrípeto, ou seja, o caso 6, e se for negativo, o fluxo térmico é negativo, então considera-se o caso 5.

- **Método dos elementos finitos:**

Foi modelado um modelo de elementos finitos de um recipiente de pressão cilíndrico de camada única de comprimento infinito. Devido à simetria axial do recipiente sob pressão e às condições de fronteira, um quarto do modelo geométrico (Fig. 1A) foi construído com os elementos térmicos axissimétricos de 4 nós Plane55 e os elementos planos axissimétricos de 4 nós Plane182 utilizando a ferramenta de elementos finitos: ANSYS 14.5. A condição de fronteira simétrica foi aplicada na base e no topo do cilindro, e o número de nós e elementos foi de 325 e 288, respetivamente.

Foi utilizada uma abordagem indireta para calcular as tensões de acoplamento termo-mecânico do recipiente sob pressão compósito de camada única. O procedimento de solução foi o seguinte: Em primeiro lugar, o modelo térmico foi criado e a condição de fronteira de temperatura foi dada, e a distribuição de temperatura foi calculada. Em segundo lugar, o tipo de elemento foi convertido do elemento térmico PLANE55 para o elemento mecânico PLANE182. Finalmente, a pressão interna e externa do fluido foi imposta na camada interior do modelo de EF do recipiente sob pressão, e as duas tensões (σ_t, σ_r) foram determinadas.

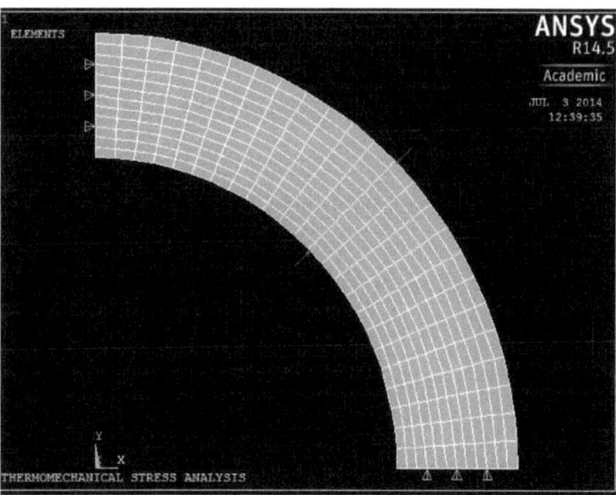

Fig1A: Modelo FEA de um reservatório de pressão cilíndrico oco e espesso de camada única

- **Resultado e discussão:**

De acordo com a teoria da falha de Guest, a tensão circunferencial (tensão de aro) foi considerada como a tensão principal para determinar a espessura do cilindro. Se a tensão do anel for inferior ou igual à tensão admissível do material, o cilindro pode ser projetado com segurança. A Fig. 2 e a Fig. 3 mostram a distribuição da temperatura para o fluxo térmico centrífugo e centrípeto, respetivamente. As Figs. 4A, 5A, 6A, 7A, 8A e 9A mostram a distribuição da tensão circular e da tensão radial para os casos 1, 2, 3, 4, 5 e 6, respetivamente. Quando o cilindro é sujeito a pressão interna, apenas a tensão máxima do anel se desenvolve no interior do cilindro e a mínima no exterior no caso-1. Mas a presença simultânea de pressão interna e carga térmica centrífuga (caso 2) produz uma tensão máxima no exterior e mínima no interior do cilindro. Também a magnitude da tensão máxima no caso-2 é inferior à do caso-1, mas a magnitude da tensão mínima aumenta devido à presença da carga térmica. Mas no caso 3 (fig. 6), a tensão máxima ocorre no interior do cilindro e a magnitude da tensão é superior à dos dois casos anteriores, o que mostra que a tensão termomecânica centrípeta é mais perigosa do que a centrífuga. A Fig. 7 mostra a distribuição da tensão quando se aplica pressão interna e externa ao cilindro. Devido à aplicação de pressão externa, a magnitude da tensão máxima é reduzida tanto no interior como no exterior do cilindro. As Fig. 8A e 9A mostram a distribuição da tensão termomecânica devido à presença simultânea de pressão interna e externa e de carga térmica centrífuga e centrípeta, respetivamente. Devido à presença de pressão externa, a magnitude da tensão termomecânica é reduzida em ambos os casos (5 e 6) em comparação com os casos (2 e 3). Mas a tensão máxima no caso 6 é superior à do caso 5, o que conclui que o fluxo térmico centrípeto é mais perigoso do que o fluxo térmico centrífugo. Verifica-se que a tensão termomecânica máxima devida ao fluxo térmico centrípeto na fibra interior é superior à do fluxo centrífugo. Assim, o fluxo térmico centrípeto é mais perigoso do que o fluxo térmico centrífugo. Os resultados obtidos pelo método analítico estão em estreita concordância com os obtidos pelo software de elementos finitos ANSYS. Assim, o método dos elementos finitos é uma técnica mais fácil de lidar com este tipo de problemas complexos.

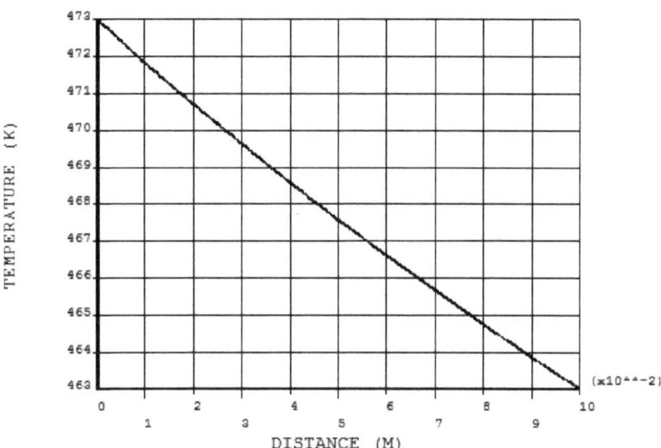

Fig 2A: Distribuição da temperatura para o fluxo térmico centrífugo

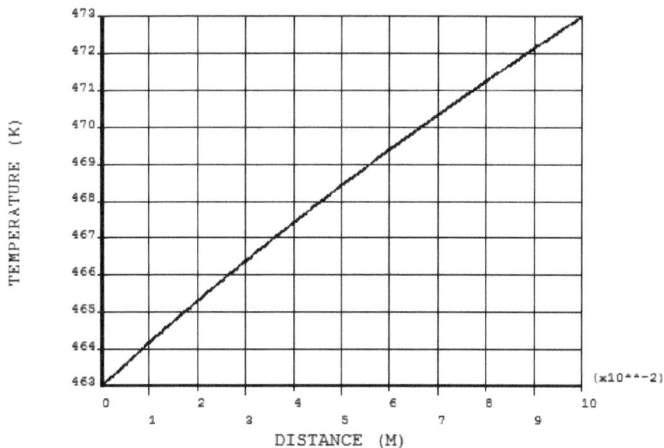

Fig 3A: Distribuição da temperatura para o fluxo térmico centrípeto

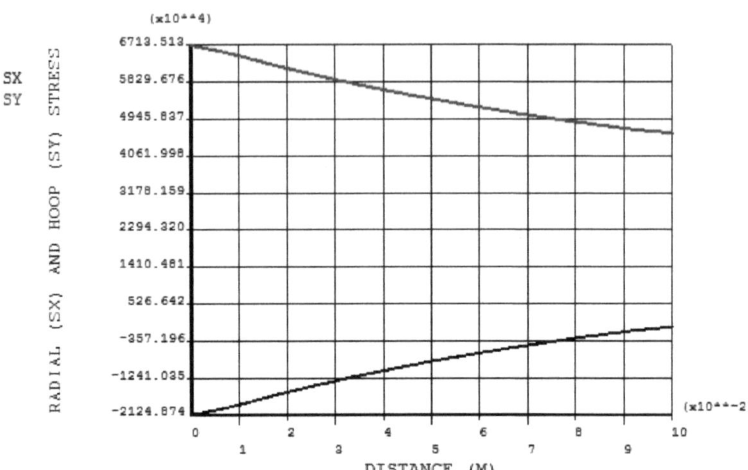

Fig 4A: Distribuição da tensão radial e da tensão de arco para o caso-1.

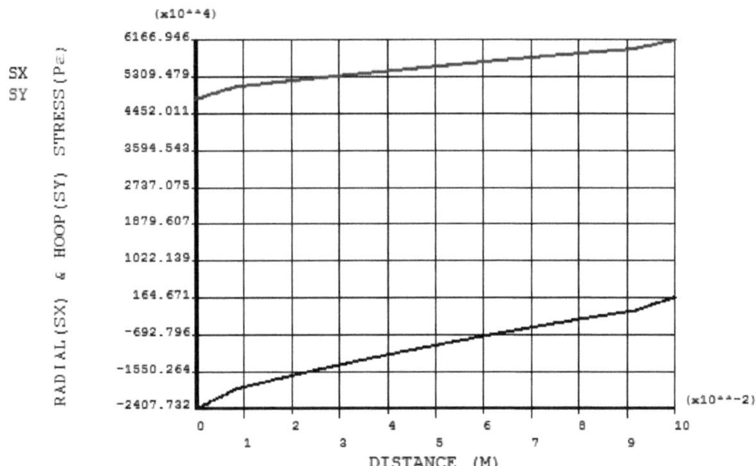

Fig. 5A: Distribuição da tensão radial e da tensão de arco para o caso-2

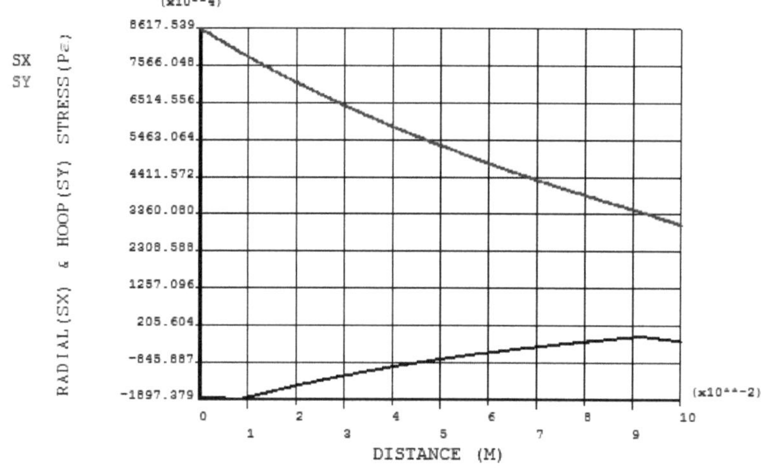

Fig 6A: Distribuição da tensão radial e da tensão de arco para o caso-3

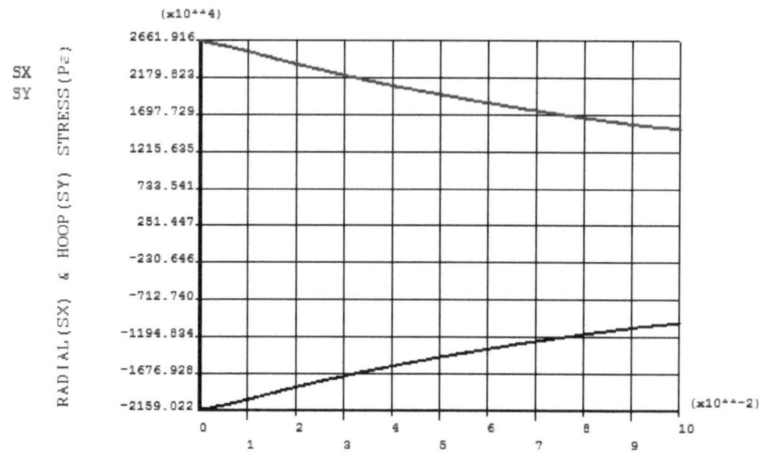

Fig. 7A: Distribuição da tensão radial e da tensão de arco para o caso 4

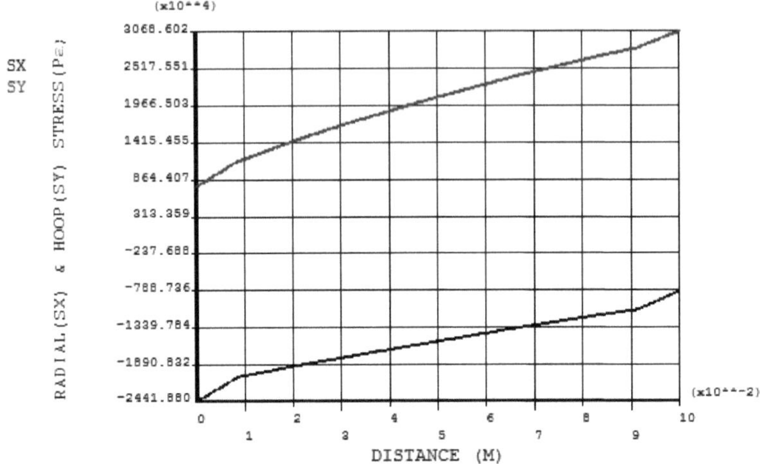

Fig. 8A: Distribuição da tensão radial e da tensão de arco para o caso 5

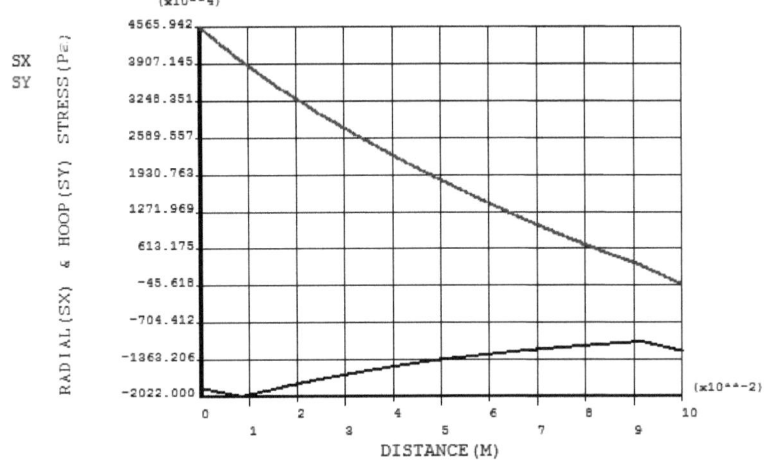

Fig. 9A: Distribuição da tensão radial e da tensão de arco para o caso 6

- **Pontos importantes:**

✓ Neste problema, tentámos investigar o problema das tensões mecânicas e térmicas combinadas num cilindro oco espesso de camada única.

✓ Verifica-se que a tensão termomecânica máxima devida ao fluxo térmico centrípeto no interior da fibra é superior à do fluxo centrífugo. Assim, o fluxo térmico centrípeto é mais perigoso do que o fluxo térmico centrífugo.

Referências:

O conteúdo deste exemplo é retirado do nosso artigo "Finite element analysis of thermo mechanical stresses of hollow thick single cylinder pressure vessel", **publicado pelo Dr. B.C Roy Engineering college Durgapur em modo offline na sua revista.**

Outras referências deste documento são as seguintes:

1. Somnath Chattopadhya, Pressure vessel Design and Practise. CRC Press.
2. Donatello Annaratone, Pressure vessel design. Springer-Verlag Berlin Heidelberg 2007. Página no. 68-71.
3. Boley BA, Weiner JH. Teoria das tensões térmicas. New York: Wiley;1960.
4. Nowaki W. Thermo-elasticity. Oxford: Pergamon Press; 1965.
5. Timoshenko S, Goodier JN. Teoria da elasticidade. New York: McGraw-Hill; 1951.
6. Johnson W, Mellor PB. Engineering plasticity. London: Ellis Horwood; 1983.
7. Whalley E. The design of pressure vessels subjected to thermal stress-I, general theory for monoblock vessels. Can J Technol 1956;34(2): 268-75.
8. Q. Zhang, Z. W. Wang, C. Y. Tang, D. P. Hu, P. Q. Liu, e L. Z. Xia, "Analytical solution of the thermo-mechanical stresses in a multilayered composite pressure vessel considering the influence of the closed ends", International Journal of Pressure Vessels and Piping 98, pp. 102-110,2012.
9. A. R. Ali, N. C. Ghosh e T. E. Alam, "Optimum Design of Pressure Vessel Subjected to Autofrettage Process", World Academy of Science, Engineering and Technology 46, 2010, 667-672.
10. H. M. Wang, and H. J. Ding, "Transient thermoelastic solution of a multilayered orthotropic hollow cylinder for axisymmetric problems", Journal of Thermal Stresses 27; 2004, pp. 1169-1185.

11. G. Atefi, and H. Mahmoudi, "Thermal stresses in the wall of pipes caused by periodic change of temperature of medium fluid", The 4th International Meeting of Advances in Thermofluids AIP Conf. Proc. 1440; 2011, pp. 72-89.
12. M. Jabbari, S. Sohrabpour, e M. R. Eslami, "Mechanical and thermal stresses in a functionally graded hollow cylinder due to radially symmetric loads", International Journal of Pressure Vessels and Piping 79; 2002, pp. 493 -497.
13. Z. S. Shao, T. J. Wang, e K. K. Ang, "Transient thermomechanical analysis of functionally graded hollow circular cylinders", Journal of Thermal Stresses 30:1; 2007, pp. 81- 104.

14. S. T. Stasynk, V. I. Gromovyk e A. L. Bichuya, Análise da tensão térmica de um cilindro oco com temperatura dependente. Aead. of Sciences of the Ukrainian SSR, LVOV. USSR, Vol. 11, No. 1, PP. 41-43, Jan. 1979,nTranslated in" Strength of material, vol. 11, No. 1, PP. 50-52, Set. 1979.

15. H. Vollbrecht, Stress in cylindrical and spherical walls subjected to internal pressure and stationary heat flow. *Verfahrenstechnik* 8, 109-12 (1974).
16. A. Kandil, Investigação da análise de tensões em cilindros compostos sob alta pressão e temperatura, Tese de Mestrado, CIT Helwan (1975).

B. Estado transitório

Considere um cilindro oco de espessura infinita composto por material isotrópico, como na fig. 1B. A condição de deformação plana é assumida para a análise. Este problema trata de um problema termoelástico unidimensional acoplado, ou seja, o recipiente cilíndrico está sujeito a uma carga térmica transitória e à pressão interna do fluido. Primeiro calcula-se a tensão térmica, depois aplica-se a pressão interna do fluido e determina-se a tensão termo-mecânica. (o mesmo que no caso anterior). Os pressupostos generalizados são os mesmos do problema anterior. Apenas é acrescentada uma hipótese adicional devido à carga térmica transitória.

- Considera-se que a temperatura do cilindro varia apenas na direção radial e depende do tempo, ou seja, T = *T(r, t)*.

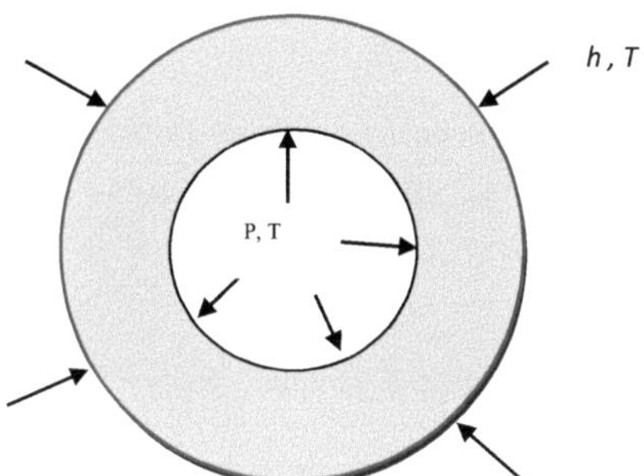

Fig1B: Cilindro espesso com condição de carga

- ❑ **Método semi-analítico das equações constitutivas**

Distribuição da temperatura:

A forma geral da equação do calor no sistema de coordenadas cilíndricas $(r, \emptyset, z)$ é [15]:

$$\frac{1}{r}\frac{\partial}{\partial r}\left(r\frac{\partial t}{\partial r}\right) + \frac{1}{r^2}\frac{\partial^2 T}{\partial \emptyset^2} + \frac{\partial^2 T}{\partial z^2} + \frac{g}{k} = \frac{1}{\alpha *}\frac{\partial T}{\partial t} \qquad (1)$$

A equação diferencial do fluxo de calor dependente do tempo na direção radial é dada em coordenadas polares por

$$\frac{1}{r}\frac{\partial}{\partial r}\left(r\frac{\partial T}{\partial r}\right) = \frac{1}{\alpha *}\frac{\partial T}{\partial t} \qquad (2)$$

Condição de fronteira:

1. Convecção na superfície exterior e temperatura fixa na superfície interior:

$-k\frac{\partial T}{\partial r} = h(T - T_\alpha)$ $when\, r = r_b$

T= T_0 *quando t* = 0 (3)

$T_a - T_0 = f$ quando $r = r_a$

2. Condição adiabática na superfície exterior e temperatura fixa na superfície interior:

T= T_0 *quando* $t = 0$

$T_a - T_0 = f$ quando $r = r_a$ (4)

$\frac{dT}{dr}$ =0 *quando* $r = r_b$

A distribuição da temperatura pode ser obtida resolvendo a equação diferencial dependente do tempo eq.(2) e substituindo as condições de fronteira 3 e 4.

Stress:

Para determinar a tensão térmica e termomecânica, é utilizada a seguinte equação de equilíbrio:

$$\frac{d\sigma_r}{dr} + \frac{\sigma_t - \sigma_r}{r} = 0 \quad (5)$$

E a equação do deslocamento da deformação é a seguinte

$$\varepsilon_r = \frac{du}{dr}, \ \varepsilon_t = \frac{u}{r}, \ \varepsilon_z = 0 \qquad (6)$$

As tensões no reservatório de pressão cilíndrico podem ser escritas como [8]

$$\sigma_r = \frac{E}{(1+\mu)(1-2\mu)}[(1-\mu)\varepsilon_r + \mu\varepsilon_t] - \frac{E\alpha T}{1-2\mu}$$

$$\sigma_t = \frac{E}{(1+\mu)(1-2\mu)}[(1-\mu)\varepsilon_t + \mu\varepsilon_r] - \frac{E\alpha T}{1-2\mu} \qquad (7)$$

$$\sigma_z = \frac{E}{(1+\mu)(1-2\mu)}[\mu(\varepsilon_t + \varepsilon_r)] - \frac{E\alpha T}{1-2\mu}$$

Onde ε_r , ε_t , e ε_z são a deformação radial, a deformação em anel e a deformação axial, respetivamente, e $\sigma_r, \sigma_t, \sigma_z$ u representa o deslocamento radial, μ representa o coeficiente de Poisson e E representa o módulo de Young. T representa a variação de temperatura em relação à temperatura de referência, e a temperatura de referência é dada como zero neste trabalho.

Condição de fronteira:

A tensão térmica pode ser determinada com a condição de fronteira de $\sigma_r(r) = 0$ na superfície interior e exterior do cilindro e a tensão termomecânica pode ser determinada com a condição de fronteira de $\sigma_r(r) = -p_i$ na superfície interior e $\sigma_r(r) = 0$ na superfície exterior.

A distribuição de tensões térmicas e termomecânicas para um cilindro espesso em condições de estado instável pode ser determinada resolvendo as equações (2-7) e aplicando as condições de fronteira utilizando o método numérico.

$$\sigma_t = \frac{\alpha E}{1-\mu}\left[\frac{\int_{r_i}^{r_0} Trdr}{r_0^2 - r_i^2}\left(\frac{r_i^2}{r^2} + 1\right) + \frac{1}{r^2}\int_{r_i}^{r} Tr\,dr - T\right]$$

$$\sigma_r = \frac{\alpha E}{1-\mu}\left[\frac{\int_{r_i}^{r_0} Trdr}{r_0^2 - r_i^2}\left(1 - \frac{r_i^2}{r^2}\right) - \frac{1}{r^2}\int_{r_i}^{r} Tr\,dr\right]$$

$$\sigma_z = \frac{\alpha E}{1-\mu}\left[\frac{2\int_{r_i}^{r_0} Trdr}{r_0^2 - r_i^2} - T\right] \qquad (8)$$

Método dos elementos finitos

O modelo de elementos finitos de um cilindro oco espesso de comprimento infinito foi modelado. Devido à simetria axial do cilindro e às condições de fronteira, um quarto do modelo geométrico (Fig. 3) foi construído com os elementos térmicos axissimétricos de 4 nós Plane55 e os elementos planos axissimétricos de 4 nós Plane182 utilizando a ferramenta de elementos finitos: ANSYS 14.5. A condição de fronteira simétrica foi aplicada na base e no topo do cilindro, e o número de nós e elementos foi de 26466 e 25632, respetivamente.

O cilindro é constituído por material homogéneo de aço estrutural 1025. O raio interior do cilindro é de 1 m e o raio exterior é de 4,5 m. A pressão interna do fluido é de 22 MPa e a pressão exterior é de 0 MPa. A temperatura interior é de 300 °C e a temperatura exterior de 25 °C, sendo a convecção aplicada no exterior com um coeficiente médio de transferência de calor por convecção de 200 w/m^2 K. As propriedades termomecânicas e as espessuras das paredes de cada camada são indicadas no Quadro 1.

Foi utilizada uma abordagem indireta [11] para calcular as tensões de acoplamento termo-mecânico do recipiente sob pressão compósito de duas camadas. O procedimento de solução foi o seguinte: Em primeiro lugar, o modelo térmico foi criado e a condição de fronteira de temperatura foi dada, e a distribuição de temperatura foi calculada. Em segundo lugar, o tipo de elemento foi convertido do elemento térmico PLANE55 para o elemento mecânico PLANE182. Finalmente, a pressão interna do fluido foi imposta na camada interior do modelo de EF do recipiente sob pressão, e as duas tensões (σ_t, σ_r) foram determinadas.

Resultados e discussão

Neste estudo, foi apresentado um resultado da análise por elementos finitos da distribuição da temperatura num cilindro oco longo e das tensões de deslocamento, térmicas e termomecânicas sob variações de temperatura. A geometria e as propriedades do material do cilindro longo são apresentadas na tabela-1B. Os raios interior e exterior do cilindro são 1 e 4,5, respetivamente. Neste problema, são consideradas duas condições para a análise. As condições de fronteira para as duas condições nas superfícies interior e exterior são assumidas como sendo de convecção e adiabáticas, respetivamente. A análise é efectuada durante 10 seg. Verifica-se que o cilindro atinge o estado estacionário em 3 seg. A fig. -3B mostra a variação de temperatura em função do tempo. As figuras 4B e 8B mostram a distribuição da temperatura ao longo da espessura do cilindro para diferentes intervalos de tempo. São escolhidos cinco intervalos de tempo para análise (0,1, 0,5, 1, 5, 10 segundos). As Fig. 5B e 11B mostram o deslocamento para diferentes intervalos de tempo para condições térmicas e termomecânicas para as condições 1 e 2, respetivamente. As figuras 6B e 9B mostram a distribuição da tensão radial para diferentes intervalos de tempo para condições térmicas e termomecânicas para as condições 1 e 2, respetivamente. A tensão térmica radial é nula tanto no interior como no exterior do cilindro, ao passo que a tensão termomecânica radial é nula no exterior do cilindro e no interior tem uma magnitude igual à pressão interna (-22 MPa aproximadamente). As Fig. 7B e 10B mostram a distribuição das tensões no aro para diferentes intervalos de tempo para as condições térmicas e termomecânicas para as condições 1 e 2, respetivamente.

A partir das figuras, é possível interpretar onde ocorre o deslocamento máximo. A partir das figuras acima mencionadas, pode concluir-se que as tensões e o deslocamento no caso de tensão termomecânica são maiores do que no caso de tensão térmica devido à presença simultânea de carga térmica e pressão interna do fluido. Além disso, é evidente que a distribuição da temperatura, o deslocamento e as tensões térmicas e termomecânicas variam à medida que o tempo aumenta.

Conclusão

Neste trabalho, discute-se a tensão térmica e termomecânica num cilindro espesso em estado instável para duas condições: a superfície exterior é de convecção e adiabática. O método dos elementos finitos, usando ANSYS 14.5, é utilizado para resolver o problema. . Em muitos problemas complexos, é muito difícil formular um modelo matemático que possa resolver o problema. Estes problemas complexos podem ser facilmente resolvidos através da utilização de software de elementos finitos, ou seja, ANSYS, ABACUS. Da análise conclui-se que as tensões e os deslocamentos no caso de tensão termomecânica são superiores aos da tensão térmica devido à presença simultânea de carga térmica e de pressão interna do fluido. Além disso, verifica-se que a distribuição da temperatura, o deslocamento e as tensões térmicas e termomecânicas variam à medida que o tempo aumenta e atingem um estado estacionário após um intervalo de tempo.

Tabela 1B. Propriedades materiais e geométricas.

	Aço-1025
Espessura	3.5 m
Módulo de Young	207e9
Coeficiente de Poisson	0.3
Condutividade térmica	17
Coeficiente de expansão térmica	11e-6
densidade	7.8
Calor específico	0.48

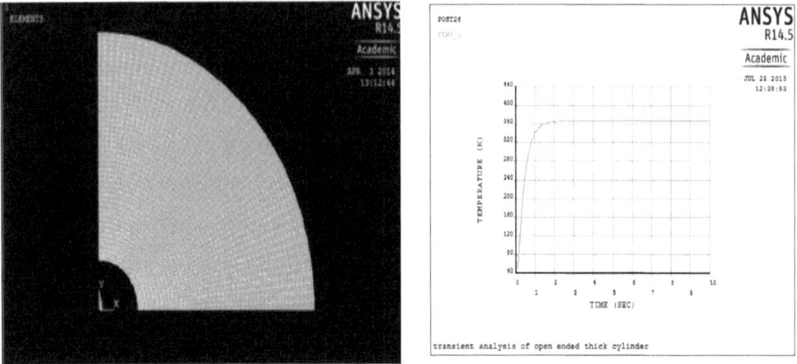

Fig 2B: Modelo FEA de um cilindro oco e espesso Fig 3B: variação da temperatura com o tempo

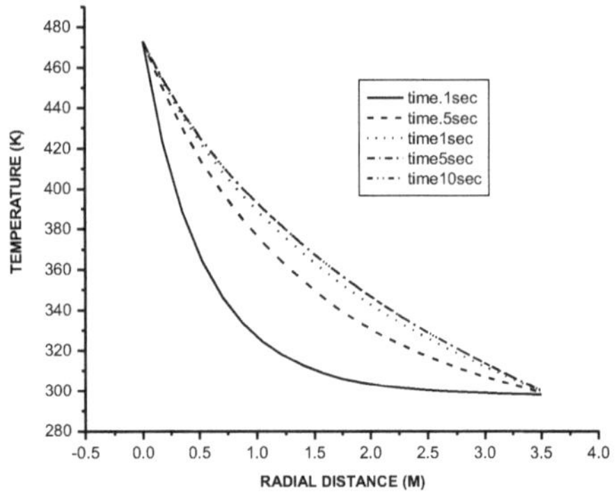

Fig. 4B: Distribuição da temperatura para a condição-1

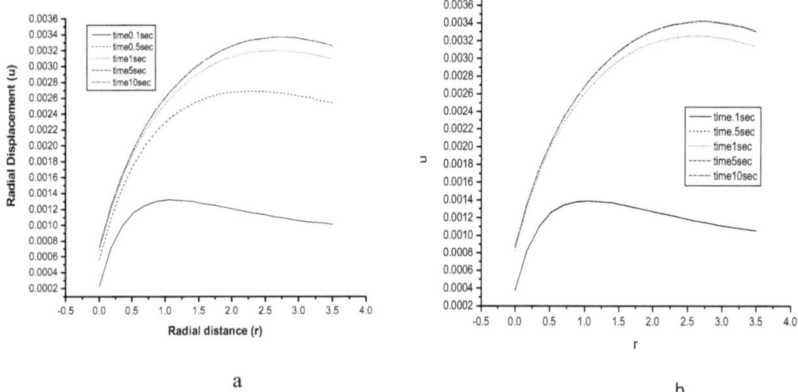

a b

Fig5B: deslocamento para a condição-1 para a) tensão térmica b) tensão termomecânica

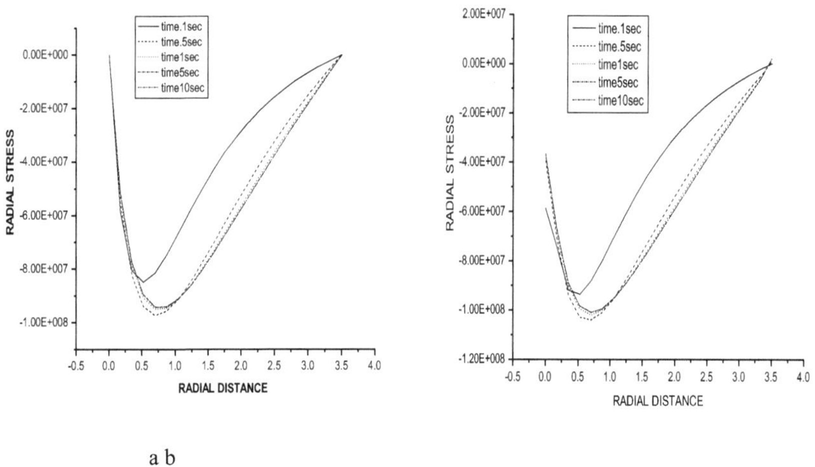

a b

Fig 6B: Distribuição radial de tensões para a condição-1a) tensão térmica b) tensão termomecânica

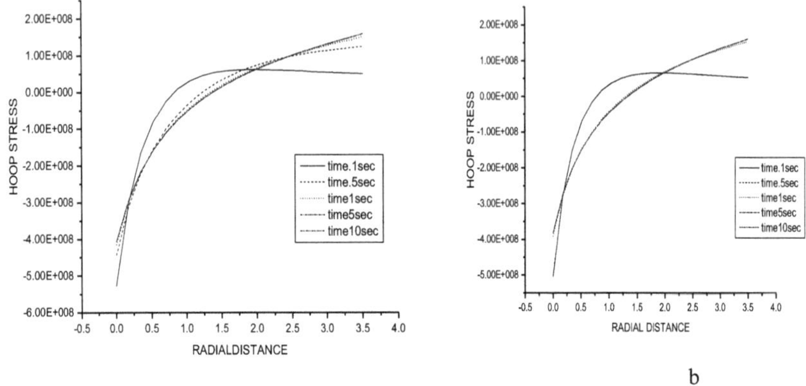

a b

Fig7B: Distribuição da tensão de arco para a condição-1 a) tensão térmica b) tensão termomecânica

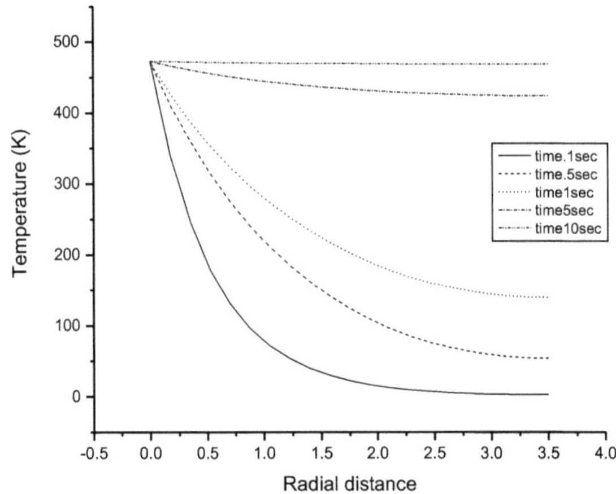

Fig 8B: Distribuição da temperatura para a condição-2

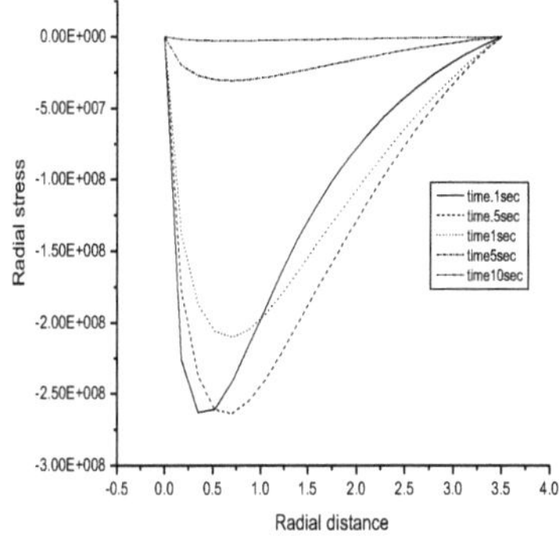

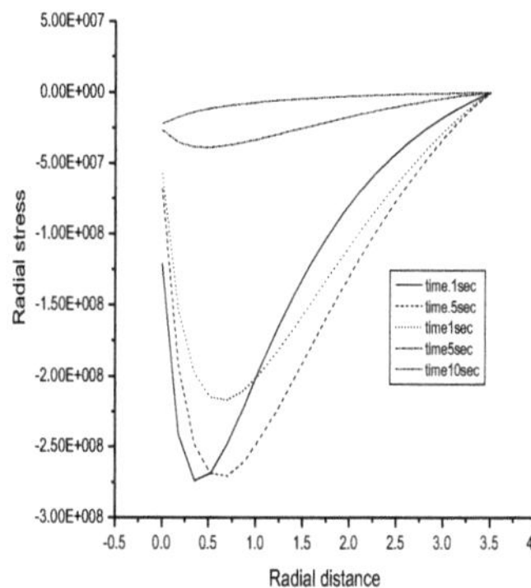

a b

Fig 9B: Distribuição radial de tensões para a condição-2 a) tensão térmica b) tensão termomecânica

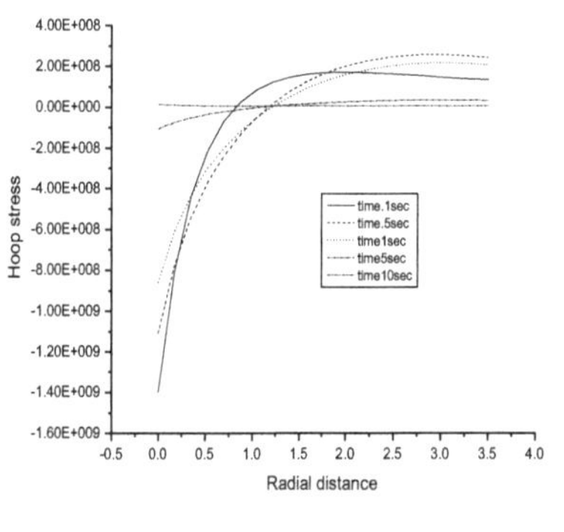

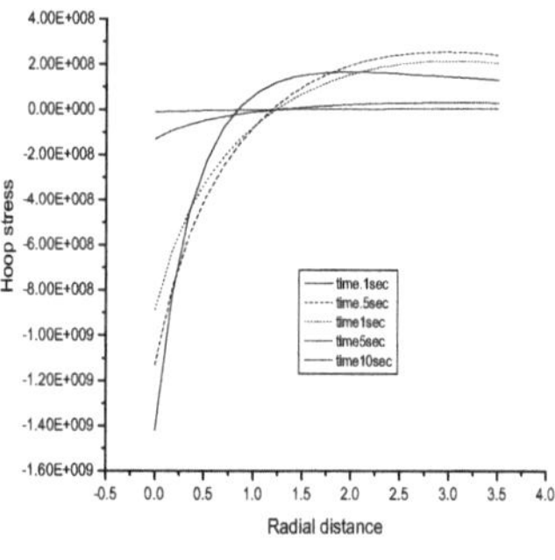

a b

Fig10B: Distribuição das tensões em anel para a condição-2 a) tensão térmica b) tensão termomecânica

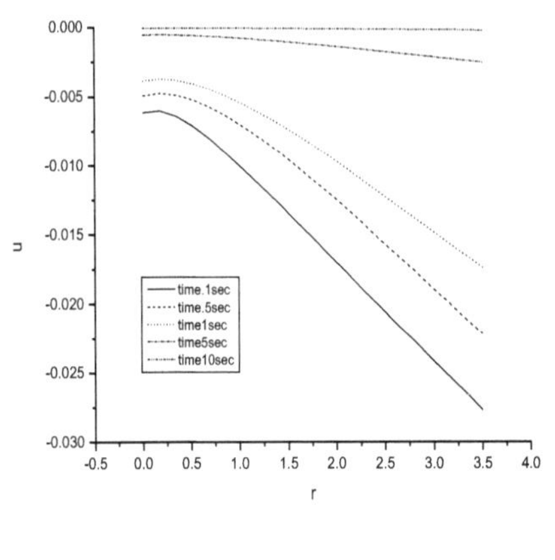

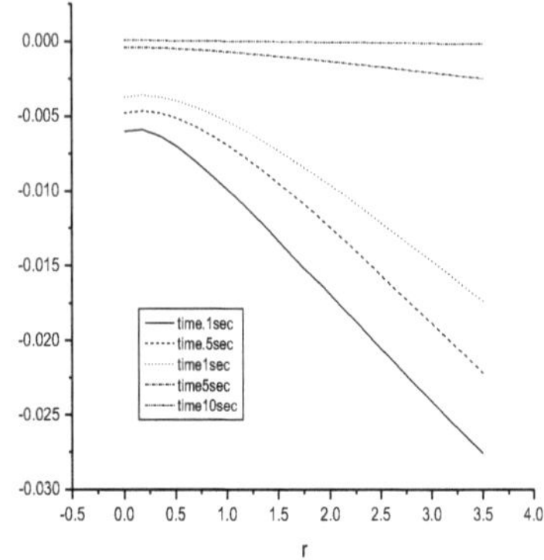

a b

Fig11:Deslocamento B para a condição-2 para a) tensão térmica b) tensão termomecânica

Notações:

T Temperatura (K) ε_Z deformação longitudinal ε_t Deformação tangencial ε_r Deformação radial α coeficiente de expansão térmica (mm^{-1} $°C^{-1}$) *t* tempo (s) *r* Raio (m) u deslocação radial (m) σ_t Tensão tangencial (Pa) σ_r Tensão radial (Pa) σ_z Tensão axial (Pa) μ Rácio de Poisson	E Módulo de Young (Pa) K Condutividade térmica (W/m K) h coeficiente de transferência de calor por convecção (W/m^2 K) T_α Temperatura ambiente (K) T_a Temperatura do fluido (K) P_i Pressão do fluido (N/m^2) r_a Raio interior do cilindro (m) r_b raio exterior do cilindro (m)

Referências

[1] J. H. Prevost e D. Tao, "Finite Element Analysis of Dynamic Coupled Thermoelasticity Problems with Relaxation Time," J. Appl. Mech., ASME vol. 50, 1983, pp.817-822.

[2] H.T. Chen, "Application of Hybrid Numerical Method to Transient Heat Conduction Problem," Tese de Doutoramento, Universidade Nacional Cheng Kung, Taiwan, 1987.

[3] Kardomateas, G.A. Transient thermal stresses in cylindrically orthotropic composite tubes. J.Appl.mech 56,1989, pp. 411-417.

[4] N. Wu, B. J. Rauch e P. G. Kessel, "Perturbation Solution to the Response of Orthotropic Cylindrical Shells Using the Generalized Theory of Thermoelasticity," Journal of Thermal Stresses, vol.14, 1991, pp. 465-477.

[5]A. Kandil, A. A. El-Kady e A. El-Kafrawy, "Transient thermal stress analysis of thick-walled cylinders", Int. J. Mech. Sci. vol. 37, No. 7,1995, pp. 721-732.

[6] X. Wang, Thermal shock in a hollow cylinder caused by rapid arbitrary heating, J. Sound Vib. 183 (5) 1995, pp 899-906.

[7] A.E. Segall, Thermoelastic analysis of thick-walled vessels subjected to transient thermal loading, ASME J. Press. Vess. Technol. 123 , 2001, pp. 146-149.

[8] A.R. Shahani, S.M. Nabavi, Analysis of the thermoelasticity problem in thick-walled cylinders, in: Proceedings of the 10th Annual (International) Mechanical Engineering Conference, vol. 4, Teerão, Irão, 2002, pp. 2056-2062 (em persa).

[9] A.E. Segall, Transient analysis of thick-walled piping under polynomial thermal loading, Nucl. Eng. Des. 226, 2003, 183-191.

[10] A.R. Shahani, S.M. Nabavi, Analytical solution of the quasi-static thermoelasticity problem in a pressurized thick-walled cylinder subjected to transient thermal loading Applied Mathematical Modelling 31 2007, 1807-1818.

[11] V. Radu , N. Taylor , E. Paffumi,Development of new analytical solutions for elastic thermal stress components in a hollow cylinder under sinusoidal transient thermal loading, International Journal of Pressure Vessels and Piping 85, 2008, pp. 885-893.

[12] H. W0 ong, O. Simionescu An analytical solution of thermoplastic thick-walled tube subj0ect to internal heating and variable pressure, taking into account corner flow and nonzero initial stress, Original Research Article, International Journal of Engineering Science, Volume 34, Issue 11, September 1996, pp. 1259-1269.

[13] Jiann-Quo-Tarn, Exact solution for functionally graded anisotropic cylinder subjected to thermal and mechanical loads, international journal of solid and structures, 38, 2001,pp. 8189-8206

[14] V. Chaudhry, A. Kumar, S.M. Ingole, A.K. Balasubramanian e U.C. Muktibodh , Thermo-Mechanical Transient Analysis of Reator Pressure Vessel, Procedia Engineering 86, 1st International Conference on Structural Integrity, ICONS-2014, 2014 , pp. 809 - 817.

[15] Ozisik, Heat conduction, segunda edição, Wiley & sons Inc., Newyork, 1993.

Soluções de elementos finitos para alguns casos

Caso 1:

Cilindro de extremidade aberta sujeito a pressão interna e gradiente de temperatura (fluxo centrífugo)

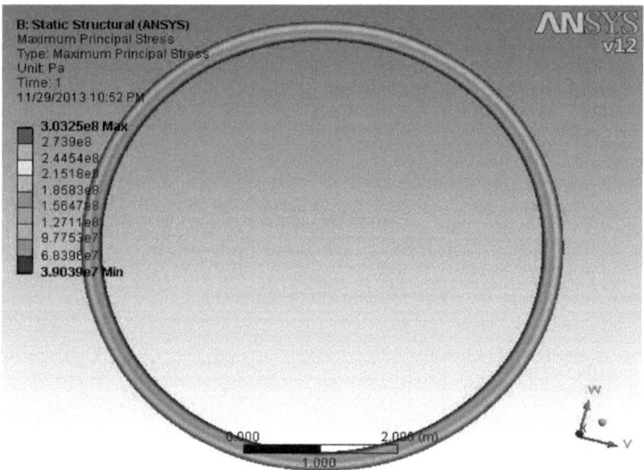

Tensão máxima principal

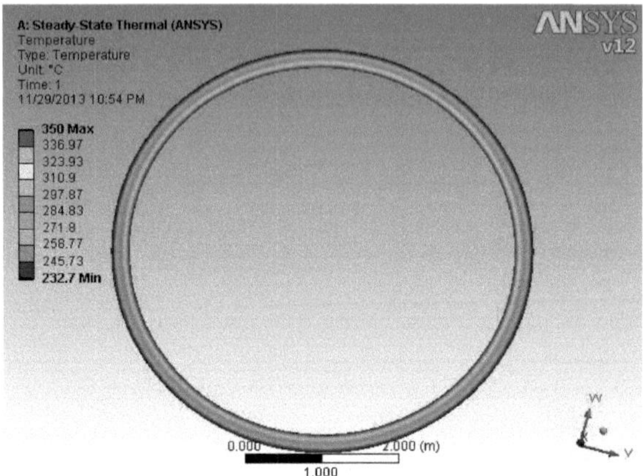

Distribuição da temperatura

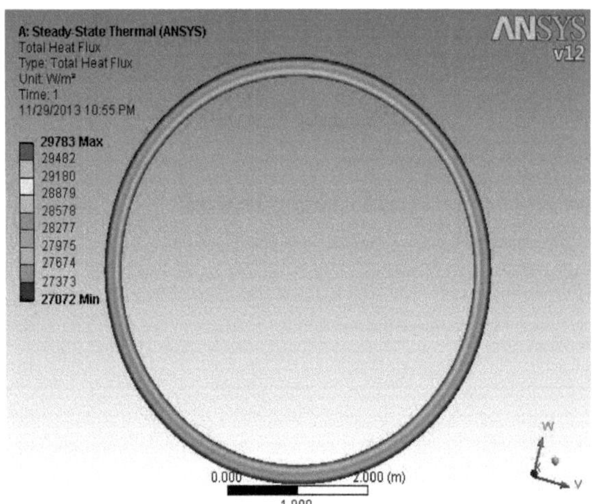

Fluxo de calor total

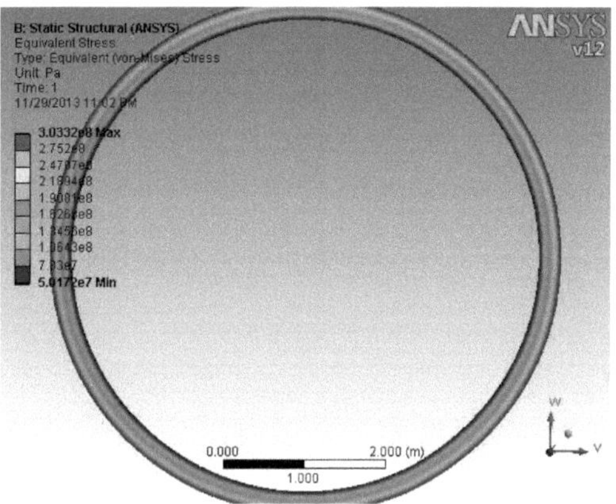

Tensão equivalente

Caso 2:

Cilindro de extremidade aberta sujeito a pressão interna e gradiente de temperatura (fluxo centrípeto)

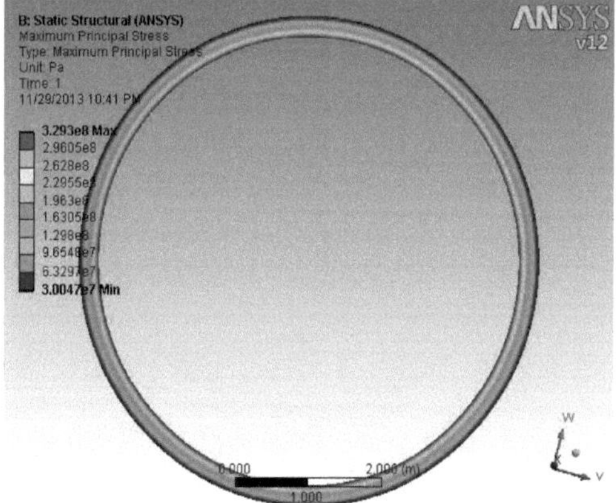

Tensão máxima principal

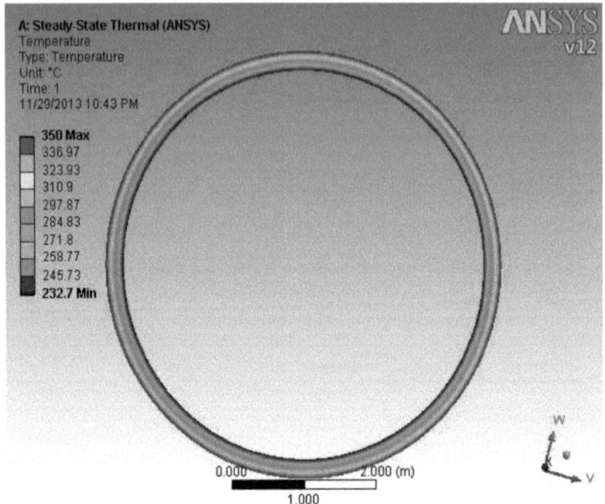

Distribuição da temperatura

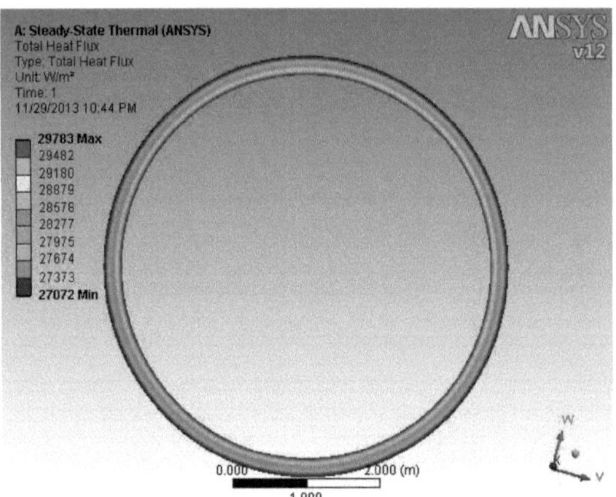

Fluxo de calor total

Caso 3:

Cilindro de extremidade aberta sujeito a pressão interna e externa e gradiente de temperatura (fluxo centrípeto)

Pi= 17,5 MPa, Po= 10 MPa

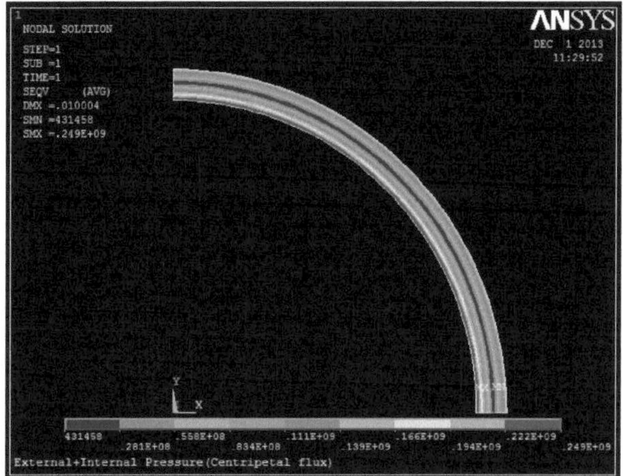

Tensão de Vonmisses

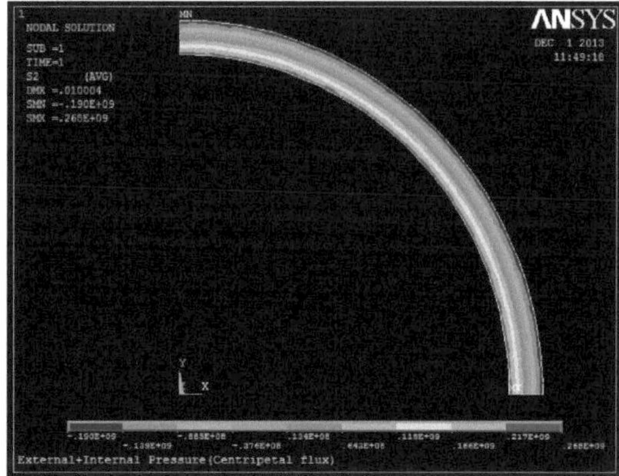

Tensão principal (S2)

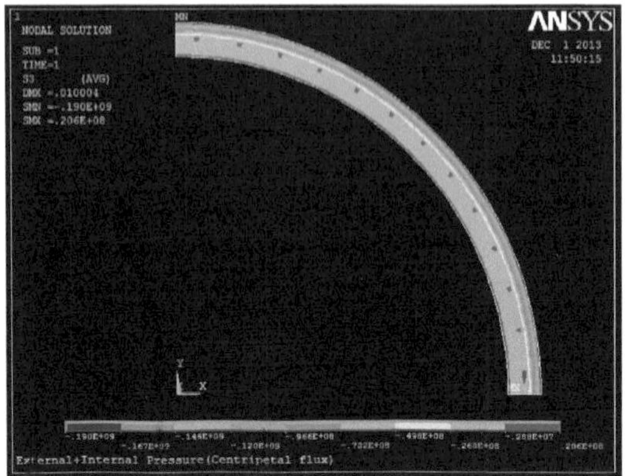

Tensão principal (S3)

Caso 4:

Cilindro de extremidade aberta sujeito a pressão interna e externa e gradiente de temperatura (fluxo centrífugo)

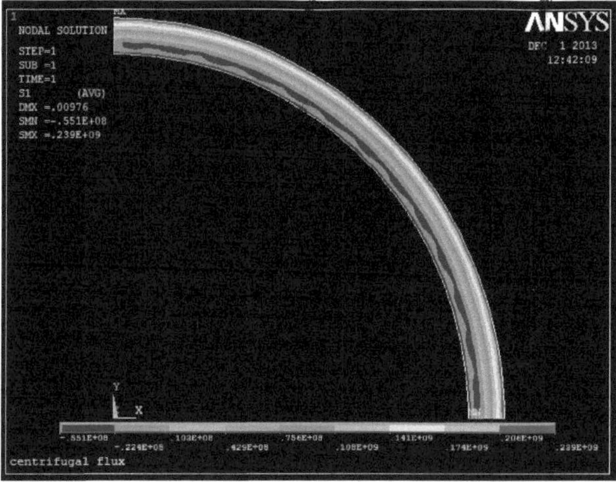

Fluxo principal (S1)

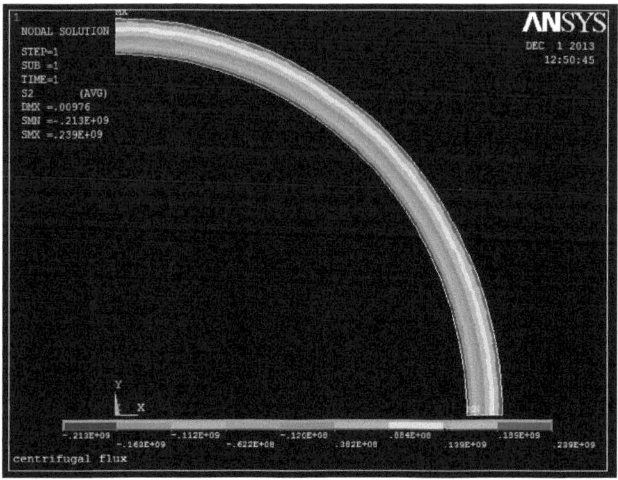

Tensão principal (S2)

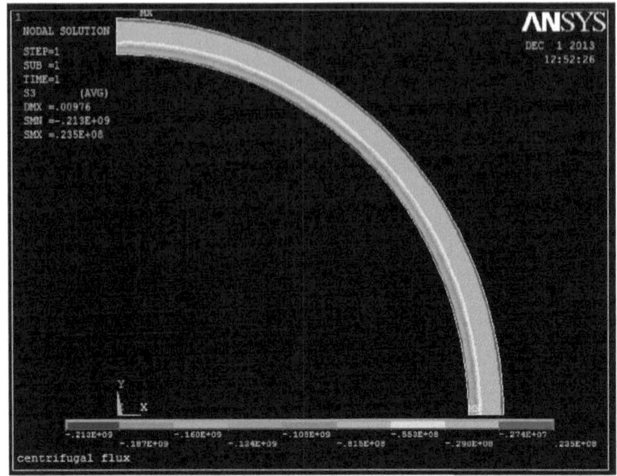

Tensão principal(S3)

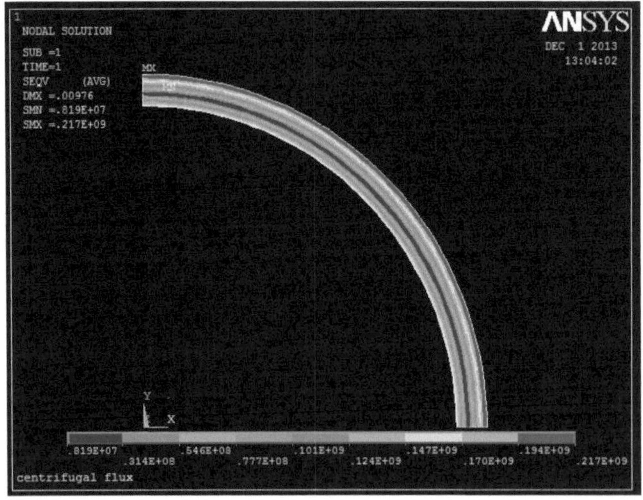

Tensão de Vonmisses

Printed by Books on Demand GmbH, Norderstedt / Germany